国家重点研发计划项目(2018YFD1100404)资助
国家自然科学基金重点项目(51738007)资助

材料应变率效应对混凝土结构抗震性能影响研究

张皓　侯世伟　李艳凤　著

中国矿业大学出版社
· 徐州 ·

内容简介

本书是一部关于应变率效应对混凝土结构抗震性能影响的应用研究型著作。本书采用试验研究、数值模拟及理论分析相结合的方法研究混凝土结构的应变率效应。首先，针对不同材料本构模型开发了可考虑应变率影响的钢筋混凝土动态纤维梁单元材料子程序，通过材料、构件动态性能与地震模拟振动台试验结果验证了程序的准确性和有效性；然后，以振动台试验中的模型结构为研究对象，研究了应变率对混凝土结构地震反应的影响，并对结构倒塌过程进行预测；最后，以多层钢筋混凝土框架结构为例，研究了应变率对该结构非线性地震反应和灾变过程的影响，并在考虑应变率的基础上研究了配筋率对钢筋混凝土框架结构连续倒塌破坏过程的影响。

本书可作为结构工程与防灾减灾工程专业本科生、研究生的参考用书，也可供从事结构工程数值模拟和抗震减灾相关领域的科学技术研究人员以及从事结构工程设计、施工与监测等工程技术人员借鉴和参考使用。

图书在版编目(CIP)数据

材料应变率效应对混凝土结构抗震性能影响研究/张皓，侯世伟，李艳凤著.—徐州：中国矿业大学出版社，2020.12

ISBN 978-7-5646-4856-5

Ⅰ.①应… Ⅱ.①张… ②侯… ③李… Ⅲ.①应变率—影响—钢筋混凝土结构—抗震性能—研究 Ⅳ.①TU375

中国版本图书馆CIP数据核字(2021)第242671号

书　　名　材料应变率效应对混凝土结构抗震性能影响研究
著　　者　张　皓　侯世伟　李艳凤
责任编辑　杨　洋
出版发行　中国矿业大学出版社有限责任公司
（江苏省徐州市解放南路　邮编221008）
营销热线　(0516)83884103　83885105
出版服务　(0516)83995789　83884920
网　　址　http://www.cumtp.com　**E-mail**:cumtpvip@cumtp.com
印　　刷　徐州中矿大印发科技有限公司
开　　本　787 mm×960 mm　1/16　**印张** 7.5　**字数** 134千字
版次印次　2020年12月第1版　2020年12月第1次印刷
定　　价　45.00元

前　　言

随着我国经济的快速发展，大型土木工程和基础设施工程不断涌现。钢筋混凝土结构是当今工业与民用建筑中应用最广泛的一种结构形式。

地震是对人类影响巨大的自然灾害，中国是世界上地震灾害最为严重的国家之一。在地震作用下，结构和设施的破坏造成的人员伤亡、经济损失和社会影响巨大。建筑物的抗震安全性直接关系到国家的经济发展与民生保障。建筑结构的抗震性能研究一直是工程结构设计和施工领域的难点和热点。

材料本构关系中应变率效应对材料的抗压强度、抗拉强度、弹性模量和临界断裂应变等均有影响。混凝土结构中的钢筋和混凝土均为率敏感性材料，在静力荷载和动力荷载作用下的力学性能和变形性能有很大区别。在强震、冲击和爆炸等动荷载作用下，混凝土结构中的钢筋和混凝土处于非线性状态，力学性能和变形性能受应变率效应的影响较大。目前关于地震荷载作用下的材料、构件和结构的抗震性能及灾变机理受应变率效应的影响研究相对缺乏，尚未形成统一的认识。相关结构设计规范仍采用静力荷载作用下的材料静态本构模型进行结构抗震设计及分析，与实际情况存在一定的误差。因此，研究应变率效应对混凝土结构非线性灾变机理与抗震性能的影响具有重要的科学意义和实际价值，可以为混凝土结构的抗震设计与性能提升提供理论依据。

本书介绍了考虑应变率效应的混凝土结构抗震性能方面的研究；编制了可考虑应变率效应影响的钢筋混凝土动态纤维梁单元材料子程序；进行了地震模拟振动台试验，深入程序的验证和理论的发展；以实际结构为例进行钢筋混凝土框架结构连续倒塌方面的研究。

本书的出版得到了国家重点研发计划项目（2018YFD1100404）和国家

自然科学基金重点项目(51738007)的资助,在此致以衷心的感谢。同时感谢在成书过程中给予帮助的相关老师和学生。

由于作者水平有限,书中不足之处在所难免,恳请广大读者不吝赐教。

作者

2020 年于沈阳建筑大学

目　录

第1章 绪 论

1.1 研究背景和意义

钢筋混凝土结构是当今工业与民用建筑中应用最广泛的一种结构形式。钢筋混凝土是由两种不同性质的材料——混凝土和钢筋组成，在其服役期间，除了承受静力荷载作用外，还可能承受风荷载、地震荷载、冲击荷载和爆炸荷载等动力荷载。地震是对人类影响巨大的自然灾害，中国是世界上地震灾害最为严重的国家之一。在地震作用下，结构和设施的破坏所造成的人员伤亡、经济损失和社会影响巨大。地震中结构的倒塌破坏实例如图1-1所示。

1975年，我国海城市发生里氏7.3级地震，造成2 000多万平方米范围内的房屋倒塌及公共设施损坏，城乡交通、水利设施多处破坏，总经济损失约8.1亿元。1976年，唐山市发生里氏7.8级地震，数以万计的房屋倒塌，直接经济损失达百亿元。2008年5月，我国汶川县发生里氏8.0级强烈地震，死伤人数达数十万，直接经济损失达数千亿元。近年来，强烈地震在我国各个区域频繁发生。中国地震区域广阔而分散，地震频繁而且强烈[1]。全国70%以上的大城市位于地震区，现有和在建的工程结构绝大多数为混凝土结构。随着我国经济的发展，仍将有大批重要的钢筋混凝土结构，如大型桥梁、核电站、国防设施、高层及超高层建筑，将相继建成。由于地震破坏的全面性和超强的破坏性决定了它的长期性，因此建筑物的安全性能直接关系到国家的经济发展与民生。

混凝土结构中钢筋和混凝土均为率敏感性材料，在静力荷载和动力荷载作用下的力学性能和变形性能有很大区别。在强震、冲击和爆炸等动力荷载作用下，混凝土结构中的钢筋和混凝土处于非线性状态，力学性能和变形性能受应变率的影响主要表现在以下几个方面：① 钢筋的屈服强度和

图 1-1　地震中结构的倒塌破坏实例

极限强度随着应变率的增大而增大；② 混凝土的抗拉强度、抗压强度和弹性模量随着应变率的增大而增大，变形行为发生一定改变；③ 随着应变率的增大，混凝土裂纹扩展机制发生改变，微裂纹未得到充分扩展便直接穿过粗骨料，内部裂纹扩展出现滞后，裂纹分布形式发生变化，损伤特性也受到影响[2]。目前关于地震荷载作用下材料、构件和结构的抗震性能及灾变机理受应变率影响的研究相对缺乏，尚未形成统一的认识。相关结构设计规范仍采用静力荷载作用下的材料静态本构模型进行结构和抗震设计，与实际情况存在一定的误差。因此，研究应变率效应对混凝土结构非线性灾变机理和抗震性能的影响具有重要的科学意义和实际价值，可以为混凝土结构的抗震设计与性能提升提供理论依据。

1.2　国内外研究现状及发展动态

1.2.1　应变率效应对混凝土性能影响的研究

D. A. Abrams[3]首次在素混凝土试块压缩试验中发现混凝土单轴抗压

强度与加载速率有关。此后，各国学者开始对混凝土的动态抗压特性进行了系统的试验研究与统计分析。20 世纪 30 年代，更多的学者进行了混凝土的动力试验研究。P.G.Jones 等[4]对加载速率与混凝土抗压强度之间的关系进行了研究，得出了混凝土抗压强度随加载速率的增大而增大的初步结论。

D.Watstein[5]进行了素混凝土圆柱体试块动态抗压试验，在加载速率为 10 s^{-1}的动力荷载作用下混凝土的平均抗压强度与 10^{-6} s^{-1}荷载作用下的强度相比提高超过 80%。W.L.Cowell[6]对不同尺寸和强度的混凝土圆柱体试件进行了动态加载试验，并考虑了湿度对混凝土抗压强度的影响。在相同湿度条件下，低强度混凝土应变率敏感性更高；在相同强度条件下，湿混凝土具有更高的应变率敏感性。R.K.Dhir 等[7]对不同尺寸的混凝土试件进行了动态与静态加载试验，发现应变率低于 0.000 25 s^{-1}时，混凝土的抗压强度不受应变率的影响。当应变率高于 0.000 25 s^{-1}时，混凝土的抗压强度随应变率的提高而增大。B.P.Hughes 等[8]对立方体和棱柱体试件进行动态加载试验，得出了动态强度随着加载速率增大而提高的结论。B.P.Hughes等[9]对混凝土立方体试件进行了冲击荷载试验，得到如下结论：当应变率低于 8 s^{-1}时，混凝土的动态抗压强度不受应变率的影响；应变率分别为 8.2 s^{-1}、10.15 s^{-1}和 13.91 s^{-1}时，混凝土的动、静抗压强度之比分别为 1.01、1.11 和 1.25。P.R.Sparks 等[10]对含有不同骨料的棱柱体试件进行试验，包括强刚度骨料的卵石、石灰石和弱刚度骨料的粉煤灰陶粒。加载速率控制在 3～10 MPa/s，加载速率较高时弱刚度骨料混凝土的强度与强刚度骨料混凝土相比增大更多，刚度较大的石灰石骨料混凝土的强度增加最少。虽然该试验应变速率不是很高，但也表明了含有刚度较大骨料的混凝土的应变率敏感性较差，没有考虑不同骨料之间表面结构的影响。将混凝土的最大粒径变小也可以提高混凝土的冲击抗压强度。同时，R.H.Evan[11]发现低强度混凝土比高强度混凝土具有更强的应变率相关性。M.Wakabayshi等[12]在加载速率为 0.000 02～0.1 s^{-1}范围内对小圆柱体试件进行动力抗压试验，发现混凝土抗压强度与应变率对数呈线性关系。应变率为 0.005 s^{-1}和 0.05 s^{-1}时的抗压强度较准静态时的抗压强度分别提高 14% 和 24%。B. L. Atchley 等[13]、J. W. Tedesco 等[14]、S. Zheng 等[15]、P.H.Bischoff 等[16]、H.C.Fu 等[17]也进行了相关试验和理论研究。国内学者也做了大量的相关试验与理论研究，如陈肇元等[18]、董毓利等[19]、肖诗云等[20]、闫东明等[21]。P.H.Bischoff 等[22]对大量文献中的研究成果进行总结分析，给出了混凝土动、静态抗压强度比与应变率的关系，如图 1-2 所示。

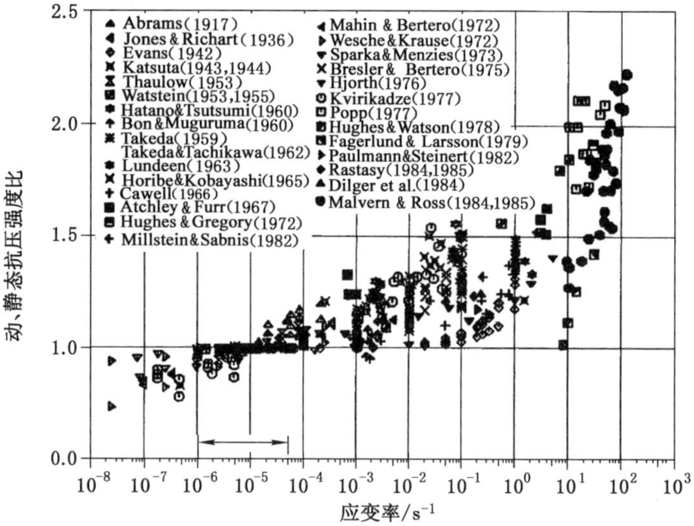

图 1-2　混凝土动、静态抗压强度比与应变率的关系图

综上所述，得到较为一致的观点是：随着应变率的增大，混凝土单轴抗压强度增大，吸能能力随之增强，初始弹性模量增大，峰值应力处的割线模量增大，下降段的坡度趋陡峭，泊松比的变化不明显，受压应力-应变关系曲线的形状基本一致。峰值应力处的应变和极限应变的变化规律没有定论。

混凝土拉伸试验与受压试验相比更为复杂和困难，因此混凝土动态拉伸性能试验研究相对较少。1960 年日本学者竹田仁一等首次进行了高速加载下的混凝土直接拉伸试验，此后陆续有学者对混凝土材料的动态拉伸性能进行试验研究。F.M.Mellinger 等[23]对素混凝土圆柱体试件进行了动态拉伸试验，得出了在高应变率下动力抗拉强度有较大幅度提高的结论。D.L.Birkimer 等[24]对 46 个素混凝土试件进行了动态拉伸试验，得出与文献[23]基本一致的结论。M.K.Mcvay[25]在墙体爆破过程中得到的数据显示：在应变率分别为 38 s^{-1} 和 157 s^{-1} 的爆炸荷载作用下的动、静抗拉强度的比值分别为 7.1 和 6.7。C.A.Ross 等[26-31]利用 Hopkinson 压杆对圆柱体试件进行了拉伸试验、劈拉试验和压缩试验。试验的应变率范围为 10^{-7}～

20 s^{-1}，当应变率为 17.8 s^{-1}时，动、静抗拉强度比值为 6.47。A.J.Zielinski 等[32]利用 Hopkinson 压杆对直径 74 mm、高度 100 mm 的圆柱体试件进行了动力拉伸试验，发现混凝土的动态抗拉强度随着应变率的增大而增大。H.W.Reinhardt 等[33]分别对两种不同湿度的混凝土进行了动态拉伸试验，结果表明：湿度对混凝土抗拉强度的应变率相关性有一定影响，湿度小的混凝土的抗拉强度基本不受应变率影响。P.Rossi 等[34-37]、P.H.Bichoff 等[38]都针对湿度对混凝土试件的影响方面进行了拉伸试验研究，结果表明：应变率相同的情况下，湿混凝土的强度增幅大于干混凝土，因此认为水影响了混凝土的动态抗拉强度。国内学者尚仁杰[39]、肖诗云等[20]、闫东明等[40]也对混凝土动态抗拉性能进行了试验研究与理论分析。L.J.Malvar 等[41]总结给出了混凝土动、静态抗拉强度比与应变率的关系图，如图 1-3 所示。

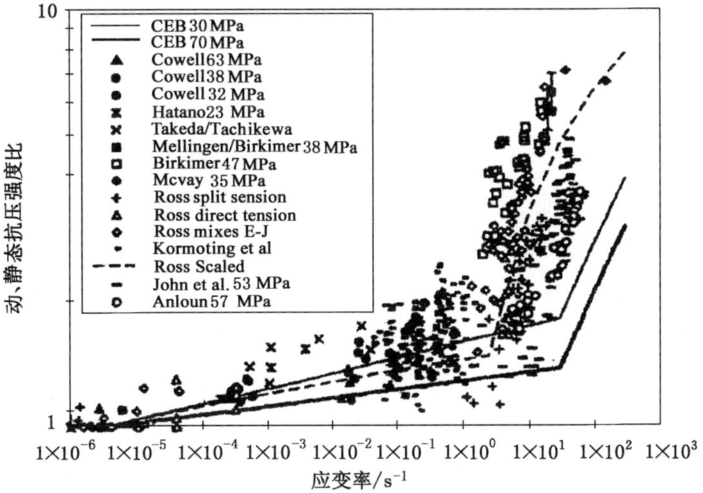

图 1-3　混凝土动、静态抗拉强度比与应变率的关系图

综上所述，比较一致的观点是：随着应变率的提高，混凝土单轴抗拉强度增大，在同一应变率量级变化范围内抗拉强度的增长大于抗压强度，峰值应力处的割线模量增大，吸能能力增强，受拉应力-应变关系曲线的形状大体一致，而峰值应力处的应变和极限应变的变化规律没有定论，应变率对泊松比几乎没有影响。

1.2.2 应变率效应对钢材性能影响的研究

E.A.Davis[42]在1909年首次发现金属材料存在应变率效应，此后国内外诸多学者通过动态加载试验对钢材力学性能的应变率效应进行研究[43]。M.J.Manjoine[44]通过试验研究了室温环境下应变率（$9.5\times10^{-7}\sim3\times10^{2}$ s^{-1}）对钢材屈服强度的影响。研究结果表明：随着应变率的提高，屈服强度增大，强屈比减小。S.A.Mahin等[45]对钢筋在循环荷载作用下的应变率效应进行了试验研究，应变率分别为5×10^{-4} s^{-1}、5×10^{-3} s^{-1}、5×10^{-2} s^{-1}。研究结果表明：随着应变率的提高，钢筋在屈服阶段的强度提高，强化阶段的强度不变。K.C.Chang等[46]研究了单调和循环加载作用下钢材的应变率效应的影响。其研究结果表明：单调加载时，应变率效应较为明显；循环加载时，应变率效应弱于单调加载。应变率历史效应在应变硬化段内有所表现，总的来讲效果不明显。J.Eibl[47]研究了不同种类的钢筋在单调加载时的应变率效应，发现随着应变率的提高，屈服强度、抗拉强度和极限应变提高，弹性模量不受影响，并且给出了不同种类的钢筋的动力提高系数表达式。J.I.Restrepo-Posada等[48]对单调和循环加载下钢筋动态力学性能的影响因素进行研究。研究结果表明：单调加载时，随着应变率的提高，屈服强度、极限强度和初始应变硬化时对应的应变均有提高，峰值应变下降，弹性模量不受影响。钢筋强度越高，应变率的影响越小。循环加载时，应变率的大小仅对屈服阶段的强度有影响，对强化阶段的强度不产生影响，钢筋的循环行为与钢筋的类型（光圆钢筋或者变形钢筋）无关。

陈肇元等[49]研究了A3、A5、16MnSi、25MnSi四种钢筋的应变率效应，研究发现：随着应变率的提高，屈服强度增大，且静态强度越低增大的幅度越大；极限强度略微增大；极限延伸率没有变化，断口形状没有变化；上屈服强度比下屈服强度提高得多。陈肇元[50]对快速变形高强钢筋的性能进行了研究，研究中以$\dot{\varepsilon}=3\times10^{-4}$ s^{-1}为准静态应变率，得出的结论与普通钢筋基本一致，并研究了初始静载对钢筋动力强度的影响，研究结果表明：初始静载对动力强度无影响。宋军[51]为了研究低碳钢的应变率效应进行了循环加载试验。研究结果表明：随着应变率提高，屈服强度增大，弹性模量不变，屈服平台变小，Baushinger效应减弱。林峰等[52]对高应变率下建筑钢筋的动态行为进行了试验研究，应变率范围为$2\sim80$ s^{-1}。其研究结果表明：随着应变率的提高，钢筋的屈服强度和极限强度均有提高，屈服强度比极限强度提高得多；静力屈服强度较低的钢筋对应变率较敏感；经回归分析，给出了钢筋动力性能特征值的计算公式。李敏等[53]试验研究了3种不同直径的建筑钢筋在地震作用应变率范围内（$2.5\times10^{-4}\sim0.1\ s^{-1}$）的力学性能和变形性能。通过回归分析得到了钢筋的力学性能特征值和变形性能特征值随应变率变化的规律。最后，基于Matthew模型提出了一种钢筋动态循环本构模型。

1.2.3 应变率效应对钢筋混凝土构件及结构性能影响的研究

V.V.Bertero等[54]开展动力试验研究了加载速率对钢筋混凝土梁受力性能的影响。研究结果表明：高速加载时试件首次屈服前的刚度比低速加载时提高了10%，初始屈服强度也明显增大，但加载速率对极限强度、破坏模式、应变和延性的影响不明显。S.M.Kulkarni等[55]通过钢筋混凝土梁的动态加载试验得出了类似的结论，并且在试验过程中发现试件的破坏形态有从弯曲破坏向脆性破坏转变的趋势。S.Otani等[56]通过钢筋混凝土悬臂梁的动态加载试验研究了应变率的潜在效应。研究结果表明：应变率的增大使试件的弯曲承载力增大7%～20%。H.N.Li等[57]通过试验研究了不同剪跨比的钢筋混凝土简支梁在不同加载速率下的受力性能，并且系统地分析了加载速率对承载力、延性、刚度、破坏模式和耗能的影响。M.Ghannoum等[58]研究了钢筋混凝土柱在不同应变率时的动态循环荷载作用下的受力性能。研究结果表明：高应变率工况下试件的承载力提高了约33%。D.B.Wang等[59]研究了钢筋混凝土柱在多维动力荷载作用下的受力性能。研究结果表明：强度、延性、损伤、耗能和破坏模式均受加载速率影响。J.Carrillo等[60]采用拟静力试验与振动台试验分别研究了钢筋混凝土剪力墙的动、静态力学性能，研究结果表明：剪力墙的刚度与强度退化均与加载速率有关。张晓丽[61]和陈俊名[62]对钢筋混凝土剪力墙进行动态加载试验研究，研究结果表明：高速加载下剪力墙承载力提高，刚度降低加快，破坏模式有向脆性破坏转变的趋势。范国玺等[63]对钢筋混凝土梁柱节点构件进行了不同加载速率下的试验研究，研究结果表明：加载速率对构件裂缝开展、塑性损伤等有不同程度的影响。李宏男等[64]提出了考虑地震动力效应的钢筋混凝土剪力墙宏观恢复力模型，并用于钢筋混凝土剪力墙动态加载试验和剪力墙结构非线性地震反应模拟，研究结果表明：所提出的恢复力模型能够准确描述快速加载下剪力墙的动态性能。

目前已有的关于钢筋混凝土结构应变率效应方面的研究大多数是以构件的试验研究和数值模拟为主,而关于结构地震响应特性受应变率影响的试验研究尚不多见。数值模拟将会是研究应变率效应对钢筋混凝土结构地震响应的影响的较为有效的方法。A.K.Pandey 等[65]基于率相关混凝土材料本构模型研究了三维钢筋混凝土结构的瞬态动力响应。S.Guner 等[66]对钢筋混凝土框架结构进行了地震响应分析,通过钢筋和混凝土的动力增大系数将材料应变率效应考虑进去。C.Q.Wang 等[67]采用数值模拟研究了采用再生骨料的钢筋混凝土框架结构地震响应的率相关性。D.Asprone 等[68]采用数值模拟研究了钢筋混凝土框架的地震响应和易损性,并考虑了应变率的影响。以上研究充分证明了在结构地震响应分析中应合理考虑材料应变率效应。王文明等[69]提出了一种考虑应变率效应的结构非线性时程分析方法,并通过数值模拟对该方法的精度进行了验证。方秦等[70]为实现对强动载作用下梁柱结构损伤破坏及倒塌过程的分析,开发了应变速率型纤维梁单元,研究结果表明该单元可以模拟爆炸作用下梁柱构件的破坏模式和结构连续倒塌过程。王文明等[71]采用增量动力时程分析方法研究了应变率对钢筋混凝土框架结构地震灾变过程的影响。

1.2.4 混凝土结构连续倒塌破坏机制研究

建筑结构的整体安全性问题一直是结构设计的首要问题,自 1968 年 18 层装配式大板结构的英国伦敦罗南角公寓(Ronan Point)因煤气爆炸连续倒塌事件以来,建筑结构的连续倒塌问题受到广泛关注[72]。冯世平等[73]研究了钢筋混凝土框架结构在强震作用下的倒塌反应,并对结构处于不稳定状态(下降段)时的动力反应进行了讨论;通过实例着重讨论了强震下结构不稳定状态对结构反应的影响以及此状态下的结构强度、变形和延性等特性,还探讨了极限曲率延性比和强度降低率对结构倒塌的影响。梁益等[74]参考美国的《建筑抗连续倒塌设计》(简称 DoD 2005),对按我国混凝土结构设计规范设计的三层钢筋混凝土框架进行了连续倒塌破坏过程仿真,分析了结构的抗连续倒塌能力,采用拉结强度法和拆除构件法对框架进行了抗连续倒塌设计,将国外规范中的抗连续倒塌设计方法应用到我国框架结构实例中,并提出其中存在的一些问题。S.Marjanishvili 等[75]通过对一个 9 层钢框架结构进行连续倒塌分析,将静力、动力、弹性以及非线性分析方法进行对比,研究结果表明动力分析方法计算结果比较精确。陆新征等[76]基于 MSC MARC 有限元软件平台开发了钢筋混凝土纤维模型程序 THUFBER,对爆炸荷载作用下的钢筋混凝土框架结构进行倒塌破坏过程模拟。研究结果表明:THUFBER 程序可以较好地模拟钢筋混凝土框架结构的倒塌破坏过程,并对一些关键的模型参数进行了讨论。陆新征等[77]基于 MARC 有限元软件平台和隐式算法开发了结构倒塌模拟分析程序 TECS,该程序可用于多层和高层结构的倒塌分析。L.Kwasniewski[78]对某多层结构进行倒塌破坏过程分析,研究了模型相关参数对分析结果的影响,提出了考虑模型不确定性的分析方法。熊仲明等[79]采用能量时程分析法进行了框架结构倒塌分析,基于分析结果提出了建筑物倒塌破坏的评估理论与方法。师燕超等[80]采用有限元软件 LS-DYNA 对一个 3 层的空间钢筋混凝土框架结构进行了爆炸荷载作用下的连续倒塌分析。分析中考虑了材料的应变率效应,并与传统的结构倒塌分析结果进行对比,提出了一种改进的钢筋混凝土结构连续倒塌分析方法。D.Isobe 等[81]采用自适应积分技术并将线性铁木辛柯梁单元应用于地震作用下混凝土框架结构的倒塌分析中。以塑性铰的出现来定义杆件断裂,为了更准确地模拟实际情况,考虑了杆件之间的相互接触,如中间层的失效等,得到了较为理想的分析结果。王强[82]采用离散单元法对钢筋混凝土框架结构倒塌过程进行了仿真,并通过振动台试验对计算结果进行验证。研究结果表明:在分析结构时可将钢筋的刚度相应折减,以等效处理结构构件累积损伤以及钢筋与混凝土之间的黏结滑移影响。张富文等[83]基于离散单元法思想,引入适用于任意加载路径的多弹簧恢复力模型,考虑混凝土轴向弹簧与截面剪切弹簧的耦合效应,建立了合理的破坏准则,并对单元失效后的碰撞问题进行了有效处理,开发了能够模拟强震下钢筋混凝土框架结构倒塌过程的仿真程序,分别分析了强梁弱柱、强柱弱梁型结构的倒塌模式,深入探讨了结构的破坏机理和倒塌机制,并验证了程序的可靠性。有限单元、离散单元组合方法于 1995 年由 A.Munjiza[84]提出,该方法将有限单元法和离散单元法相结合,固体域离散为有限单元,单元间的接触定义类似于离散单元法。A.Munjiza 等[85]将有限元法和离散元法组合使用,很好地模拟了钢筋混凝土简支梁的破坏过程,并与相关试验结果进行对比,模拟结果与试验结果吻合较好。J.Paavilainen 等[86]提出了二维有限单元、离散单元组合方法,并将其用于模拟钢筋混凝土悬臂梁、简支梁和固支梁的破坏过程。有限单元、离散单元组合方法能够将有限单元法和离散单元法的优势相结合，该方法已应用于工程实践。

综上所述，国内外学者对爆炸和冲击作用下混凝土结构倒塌的研究较多，而对地震作用下混凝土结构倒塌破坏的相关研究较少，关于考虑材料应变率效应的混凝土结构连续倒塌破坏机理的研究并不多见。因此，研究方向为：第一，在荷载方面，由对爆炸和冲击作用下的混凝土结构倒塌破坏研究向地震作用下混凝土结构倒塌破坏研究过渡，由地震动的单维性向多维性发展；第二，在研究范围方面，由线弹性向弹塑性、动力稳定性和结构倒塌破坏方向发展。第三，在分析方法方面，采用有限元法，考虑结构的材料非线性、变形的几何非线性、材料应变率效应，使分析结果更接近实际。第四，在试验研究方面，采用地震模拟振动台，更好地模拟地震作用下结构的真实反应形态与破坏过程。

1.3 本书主要研究内容

本书采用试验研究、数值模拟和理论分析相结合的方法，研究考虑应变率效应的混凝土结构的抗震性能。首先，针对不同材料本构模型开发了可考虑应变率效应的钢筋混凝土动态纤维梁单元子程序，通过材料性能、构件性能与地震模拟振动台试验结果验证了程序的准确性和有效性；其次，以振动台试验中的模型结构为研究对象，研究了应变率效应对混凝土结构地震反应的影响，以及预测了该模型结构的倒塌破坏过程；最后，以多层框架结构为例，研究了应变率效应对结构非线性地震灾变过程的影响，并在考虑应变率效应的基础上研究了配筋率对钢筋混凝土框架结构连续倒塌破坏过程的影响。

第 2 章　钢筋混凝土动态纤维梁单元材料子程序

2.1　概述

目前基于材料层次的纤维模型在钢筋混凝土结构非线性动力行为分析中应用较为广泛，在众多大型复杂结构的有限元分析中最为常用。在纤维单元中考虑材料应变率效应的影响可以更准确地描述结构的非线性地震灾变过程，更利于工程应用。因此，本章基于纤维模型基本原理与钢筋混凝土材料动态本构模型，针对地震作用应变率水平，提出可实时考虑材料应变率效应影响的钢筋混凝土纤维梁单元模型，并将其编制成子程序嵌入ABAQUS 软件平台中，可对钢筋混凝土结构进行地震灾变全过程分析。

2.2　子程序流程

由于材料库所提供的材料本构模型有限，ABAQUS 允许用户根据实际需要进行程序的二次开发。VUMAT 的主要计算思路是采用上一步的状态变量、应力和当前的应变增量，通过调用子程序中给定的材料本构关系计算得到当前的状态变量和应力，并在单元划分的积分点上递推计算此积分点变量之间的关系，其流程如图 2-1 所示。

在整个分析过程中，VUMAT 不需要更新本构模型中的雅克比矩阵，在连续、合理的增量步下，通过直接求解每个微小增量步的结构响应，进而得到结构整体的响应特征。由于每运算一个增量步，ABAQUS 都需要与VUMAT进行一次参数互换，因此在编制子程序过程中需要严格遵守ABAQUS 中关于 VUMAT 的相关规定。此外，采用显式分析得到的计算结果会出现震荡。为保证子程序在分析过程中的稳定性和计算结果的准确度，可对线性体积黏滞系数进行适当调整，以减小计算过程中由震荡导致的计算误差。同时，梁单元中剪切刚度设置也会对子程序运行及计算效率产生一定影响，因此应根据实际情况合理设置。

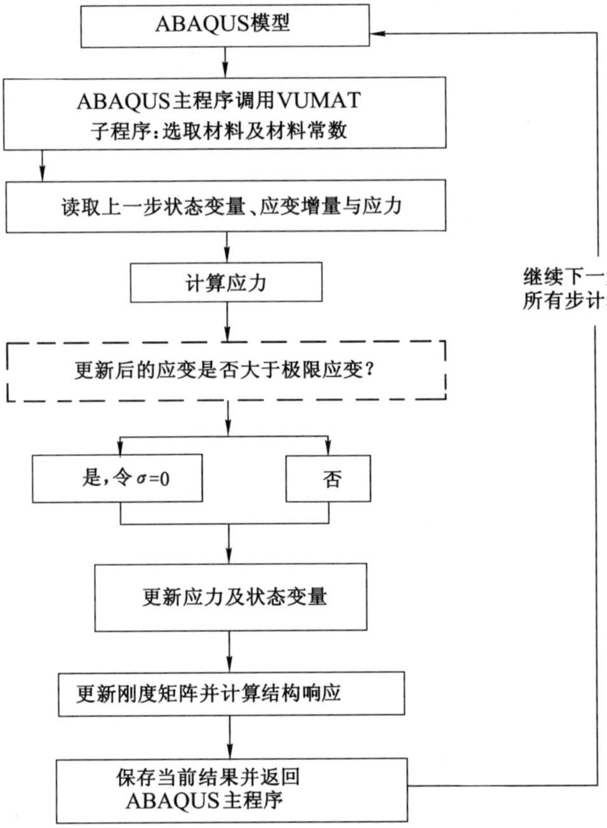

图 2-1　程序流程图

2.3　钢材料子程序

2.3.1　钢筋应力-应变骨架曲线

钢筋应力-应变骨架曲线选用《混凝土结构设计规范》(GB 50010—2019)[87]中建议的双折线强化型骨架曲线和不考虑屈服平台的 Esmaeily &

Xiao[88] 骨架曲线，如图 2-2 所示，可表示如下：

（1）双折线强化模型

$$\sigma=\begin{cases}E_s\varepsilon & (\varepsilon\leqslant\varepsilon_y)\\ f_y+k_1(\varepsilon-\varepsilon_y) & (\varepsilon_y<\varepsilon<\varepsilon_u)\\ 0 & (\varepsilon\geqslant\varepsilon_u)\end{cases}\tag{2-1}$$

（2）Esmaeily & Xiao 模型

$$\sigma=\begin{cases}E_s\varepsilon & (\varepsilon\leqslant\varepsilon_y)\\ k_3f_y+\dfrac{E_s(1-k_3)}{\varepsilon_y(k_2-1)^2}(\varepsilon-k_2\varepsilon_y)^2 & (\varepsilon_y<\varepsilon<\varepsilon_u)\\ 0 & (\varepsilon\geqslant\varepsilon_u)\end{cases}\tag{2-2}$$

式中，E_s 为钢材弹性模量；ε_y 为钢材屈服应变；f_y 为钢材屈服强度；ε_u 为钢材极限应变，其值可根据试验数据确定，也可取 $\varepsilon_u=40\varepsilon_y$；$k_1$ 为强化段斜率；k_2 为峰值应变和屈服应变比；k_3 为强屈比。

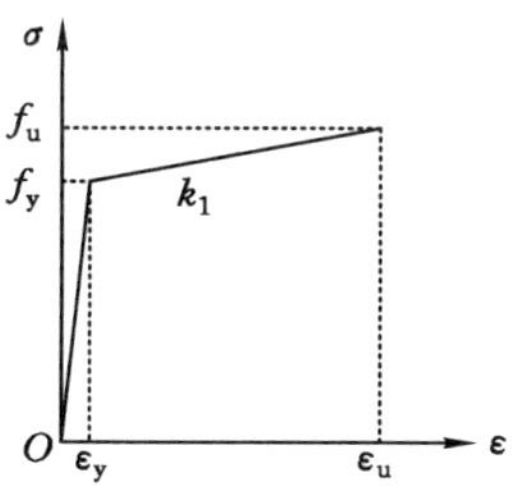

(a) 双折线强化模型

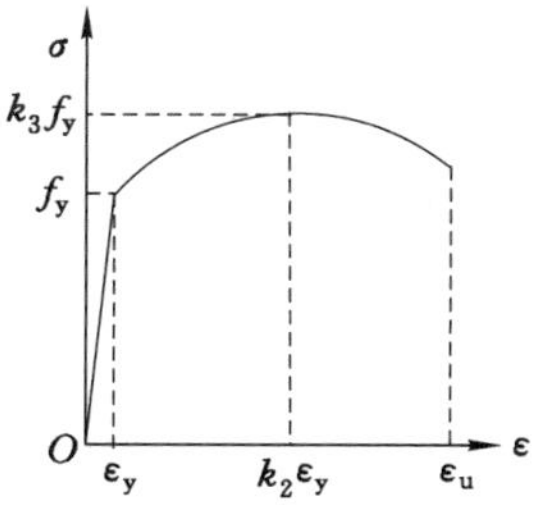

(b) Esmaeily & Xiao模型

图 2-2　钢筋骨架曲线

2.3.2　钢筋反复加卸载规则

钢筋加卸载本构模型如图 2-3 所示，分别采用 Clough[89] 模型和 Légeron[90] 模型，这两种经典加卸载模型均可有效考虑加卸载过程中的刚度退化，并针对数值稳定性问题和模型本身存在的缺陷进行了适当简化与修正。

卸载近似按线弹性考虑，均按初始弹性模量 E_s 计算；而反向再加载（图 2-3中的①和②）应力采用下式计算：

（1）Clough 模型

$$\sigma=E_z(\varepsilon-\varepsilon_{a,i})\tag{2-3}$$

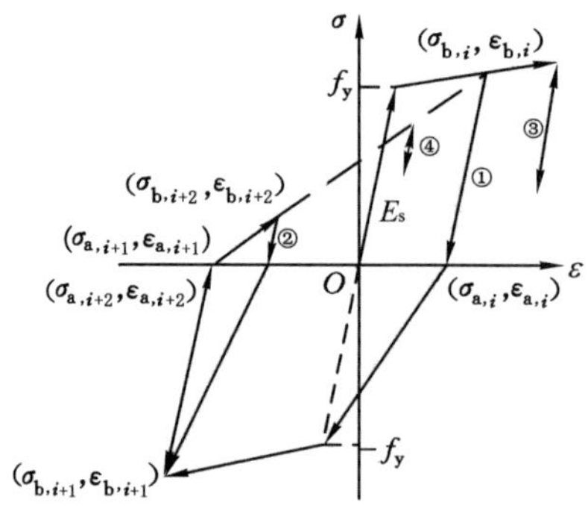

(a) Clough模型

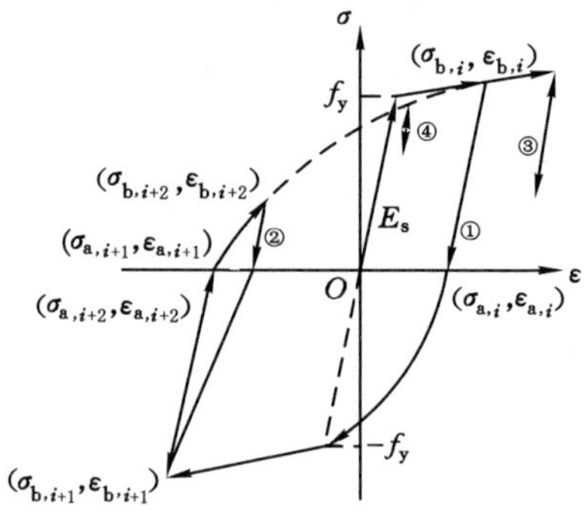

(b) Légeron模型

图 2-3 钢筋加卸载本构模型

$$E_z = \frac{\sigma_{b,i} - \sigma_{a,i}}{\varepsilon_{b,i} - \varepsilon_{a,i}} \tag{2-4}$$

(2) Légeron 模型

$$p = \frac{(E_s - E_h)(\varepsilon_{b,i} - \varepsilon_{a,i})}{E_s(\varepsilon_{b,i} - \varepsilon_{a,i}) - (\sigma_{b,i} - \sigma_{a,i})} \tag{2-5}$$

$$\sigma = [E_s(\varepsilon - \varepsilon_{a,i}) + \sigma_{a,i}] - [E_s(\varepsilon_{b,i} - \varepsilon_{a,i}) - (\sigma_{b,i} - \sigma_{a,i})]\left(\frac{\varepsilon - \varepsilon_{a,i}}{\varepsilon_{b,i} - \varepsilon_{a,i}}\right)^p \tag{2-6}$$

式中,E_s 为弹性模量;E_z 为再加载刚度;E_h 为硬化段斜率;$\sigma_{a,i}$、$\varepsilon_{a,i}$ 为第 i 次反向加载点处的应力和应变;$\sigma_{b,i}$、$\varepsilon_{b,i}$ 为第 i 次卸载处的应力和应变。

若再加载方向钢筋未曾屈服,加载路径指向钢筋初始屈服应变和应力;若再加载方向曾发生屈服,加载路径指向历史最大应变点。

在处理骨架曲线上不完全卸载后的再加载(图 2-3 中③)情形时,即加载点与卸载点应变值非常接近时。Légeron 模型中 $p = \frac{(E_s - E_h)(\varepsilon_{b,i} - \varepsilon_{a,i})}{E_s(\varepsilon_{b,i} - \varepsilon_{a,i}) - (\sigma_{b,i} - \sigma_{a,i})} = \frac{E_s - E_h}{E_s - \frac{\sigma_{b,i} - \sigma_{a,i}}{\varepsilon_{b,i} - \varepsilon_{a,i}}}$,当 $\frac{\sigma_{b,i} - \sigma_{a,i}}{\varepsilon_{b,i} - \varepsilon_{a,i}} = E_s$ 时,p 为无穷大,此时的应力值无法准确计算。对于 Clough 模型,由于数值精度问题,会导致再加载刚度 E_z 数值不稳定,E_z 有可能大于 E_s,与实际不符,且易发生程序运算错误,为避免以上情况发生,此时应力近似按 E_s 计算。

反复加载下的应力误差如图 2-4 所示,若在 A 点发生卸载(按初始刚度 E_s),之后在两个比较接近的应变之间进行反复加卸载,加载路径可按照

Clough 模型或 Légeron 模型计算，由于卸载刚度大于加载刚度，应力值会越来越小，与实际情况不符。因此，在处理这种再加载过程中出现的不完全卸载情况（图 2-3 中④和图 2-4）时，加卸载应力均按初始刚度计算，达到之前卸载点应力值后再按实际刚度计算。

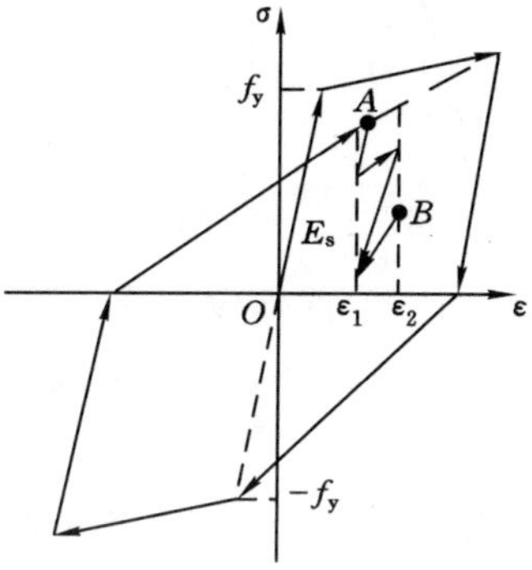

图 2-4　反复加载下的应力误差

2.3.3　钢材破坏准则

以钢材是否到达极限拉应变作为其失效破坏的判别依据。当钢材超过极限应变时单元不再具有承载能力，即钢筋的应变超过极限应变时不论应变如何变化，其质量保持不变，应力始终为零。钢筋失效应变可按式(2-7)确定：

$$\varepsilon_u = 40\varepsilon_y \tag{2-7}$$

式中，ε_u 为钢筋极限拉应变；ε_y 为钢筋屈服应变。

2.3.4　钢材应变率效应

考虑地震作用时应变率效应对材料动态性能的影响，所选材料的相关本构模型的应变率范围为 $10^{-5} \sim 1\ s^{-1}$。钢材的屈服强度、抗拉强度、弹性极限应变以及应力-应变关系曲线强化段斜率均受应变率的影响。当应变率发生变化时，滞回环的形状也会明显改变，即钢材的滞回耗能特性受到应变率的影响[46]。目前研究中一般仅考虑应变率对钢材屈服强度的影响，且大多数是将屈服强度乘以一个增大系数来近似考虑应变率对钢材屈服强度的影响，忽略了对应变率敏感的一些其他因素，从而导致分析结果与实际情况之间存在差异。为了准确描述应变率对钢材动态性能的影响，本书采用文献[53]中基于地震作用应变率范围提出的钢材动态本构模型，同时考虑应变率对钢筋屈服强度和抗拉强度的影响，可按下式计算：

$$\frac{f_{\mathrm{yd}}}{f_{\mathrm{ys}}} = 1 + c_{\mathrm{f}} \lg \frac{\dot{\varepsilon}}{\dot{\varepsilon}_0} \tag{2-8}$$

$$\frac{f_{\mathrm{ud}}}{f_{\mathrm{us}}} = 1 + c_{\mathrm{u}} \lg \frac{\dot{\varepsilon}}{\dot{\varepsilon}_0} \tag{2-9}$$

$$c_{\mathrm{f}} = 0.170\,9 - 3.289 \times 10^{-4} f_{\mathrm{ys}} \tag{2-10}$$

$$c_{\mathrm{u}} = 0.027\,38 - 2.982 \times 10^{-5} f_{\mathrm{ys}} \tag{2-11}$$

式中，$\dot{\varepsilon}$ 为当前的应变率；$\dot{\varepsilon}_0$ 为准静态应变率，$\dot{\varepsilon}_0 = 2.5 \times 10^{-4}\ \mathrm{s}^{-1}$；$f_{\mathrm{ys}}$、$f_{\mathrm{yd}}$ 为静态和动态屈服强度；f_{us}、f_{ud} 为静态和动态抗拉强度；c_{f}、c_{u} 为由静态屈服强度 f_{ys} 表示的参数。

通过钢材动态本构模型对屈服强度与抗拉强度进行修正，可直接考虑应变率对应力-应变关系曲线强化段斜率的影响。关于应变率对钢材弹性模量、塑性应变、应变率历史的影响，已有研究但未得到一致的观点。因此，本书暂时忽略应变率对钢材弹性模量、塑性应变和应变率历史的影响。忽略应变率对钢材弹性模量的影响意味着不同应变率将分别对应不同的弹性极限应变，应变率越高，弹性极限应变越大，反之越小，如图 2-5 所示。

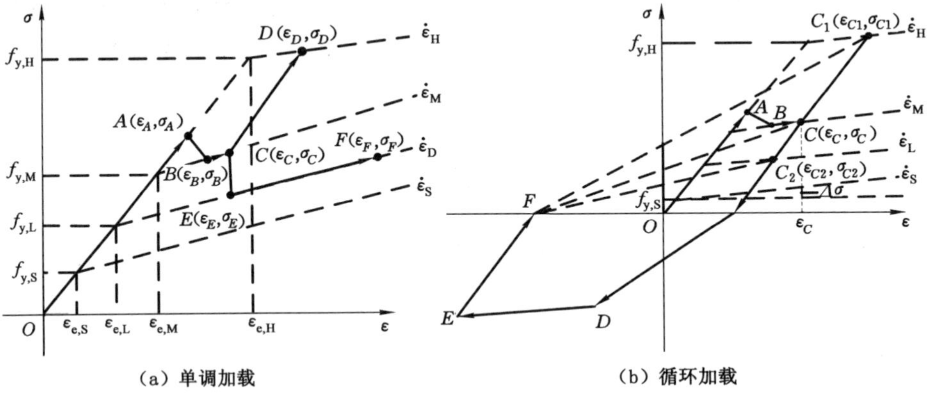

图 2-5 钢材应变率效应

采用恒定加载速率对研究对象进行加载时不需要考虑该影响，但是当研究对象遭受加载速率发生实时变化的动荷载(如地震荷载、风荷载等)作用时，钢材加载路径可能会在弹性加载与弹塑性加载之间反复转变，应力会出现波动。若不考虑，将会对地震等动荷载作用下的分析结果产生影响，且无法全面考虑应变率的实时变化。因此，考虑应变率对弹性极限应变的影响尤其重要。

对于单调加载情况，如图 2-5(a)所示。假如以较高应变率 $\dot{\varepsilon}_H$ 加载至 A 点，且该点应变 ε_A 大于准静态应变率下的弹性极限应变 $\varepsilon_{e,S}$，小于当前应变率所对应的弹性极限应变 $\varepsilon_{e,H}$。当应变率突然降低至 $\dot{\varepsilon}_M$ 并继续加载至 B 点时，此时应变为 ε_B 超过 $\dot{\varepsilon}_M$ 所对应的弹性应变 $\varepsilon_{e,M}$，该过程即从较高应变率下的弹性变形转变为较低应变率下的弹塑性变形。以应变率 $\dot{\varepsilon}_M$ 继续加载至 C 点后，可能出现以下情况：① 将应变率提高至 $\dot{\varepsilon}_H$ 时，加载路径可先按弹性由 C 点加载至 D 点，之后再按应变率 $\dot{\varepsilon}_H$ 强化段骨架曲线继续加载直至破坏；② 将应变率降低至 $\dot{\varepsilon}_L$ 时，考虑高速加载至低速加载过程中会出现应力松弛现象，使应变保持不变，应力先由 C 点降低至 E 点，再按照应变率 $\dot{\varepsilon}_L$ 的骨架曲线沿 EF 方向加载直至破坏。

循环加载情况如图 2-5(b)所示。假如以较高应变率 $\dot{\varepsilon}_H$ 由 O 点加载至 A 点，再以较低应变率 $\dot{\varepsilon}_M$ 由 A 点经 B 点加载至 C 点后卸载，此时受拉方向的历史最大应变点为 C 点。钢筋继续经历卸载和反向再加载及卸载到达 F 点后，可能出现以下情况：① 当再加载应变率保持不变时，加载路径为 FC，即再加载指向受拉方向历史最大应变点；② 再加载应变率提高至 $\dot{\varepsilon}_H$ 时，该方向上历史最大应变点由 C 点变为 C_1 点，加载路径变为 FC_1，此时须按应变率 $\dot{\varepsilon}_H$ 重新定义 C_1 点处的应力和应变。钢筋的应变由弹性应变和塑性应变组成，C_1 点应变等于历史最大塑性应变与弹性应变之和，其应力值定义为应变率为 $\dot{\varepsilon}_H$ 时的屈服应力与准静态下应变率 $\varepsilon_{e,S}$ 单调加载进入强化阶段后的应力总增量($\Delta\sigma$)之和；③ 再加载应变率降低至 $\dot{\varepsilon}_L$ 时，历史最大应变点则由 C 点变为 C_2 点，C_2 点处的应力与应变取值方式与 C_1 点相同。同时，采用以上方法对再加载历史最大应变点进行修正，即考虑应变率对滞回环形状的影响，使计算结果更准确。

2.3.5　算例及验证

本节算例选用第一种强化型骨架曲线，分别采用 Clough 模型与 Légeron 加卸载模型，分别对文献[92]和文献[46]中恒定速率作用下钢筋试件和变速率作用下钢管试件动态性能进行数值模拟。

(1) 恒定速率加载

通常情况下,材料动态性能试验是通过选择不同应变率水平并在某一恒定加载速率下进行。取文献[92]中钢筋动态抗拉性能试验中直径为10 mm的 HRB400 钢筋试件为研究对象,采用 B31 纤维梁单元建立钢筋试件有限元模型。进行恒定加载速率数值模拟,分析得到不同应变率(动态:$2.5\times10^{-2}\ s^{-1}$;准静态:$2.5\times10^{-4}\ s^{-1}$)变幅值循环荷载作用下的钢筋应力-应变关系曲线数值模拟结果,并与试验曲线进行对比,如图 2-6 所示,可以看出采用 Clough 模型与 Légeron 模型的模拟结果与试验结果基本一致。如表 2-1所示,不同加载速率下,采用两种不同模型分析得到的极限应变($\varepsilon\approx 0.04$)所对应的应力值与试验值基本一致。由于 Légeron 模型再加载曲线为指数型,得到的滞回曲线与试验曲线更接近,而 Clough 模型计算效率更高。

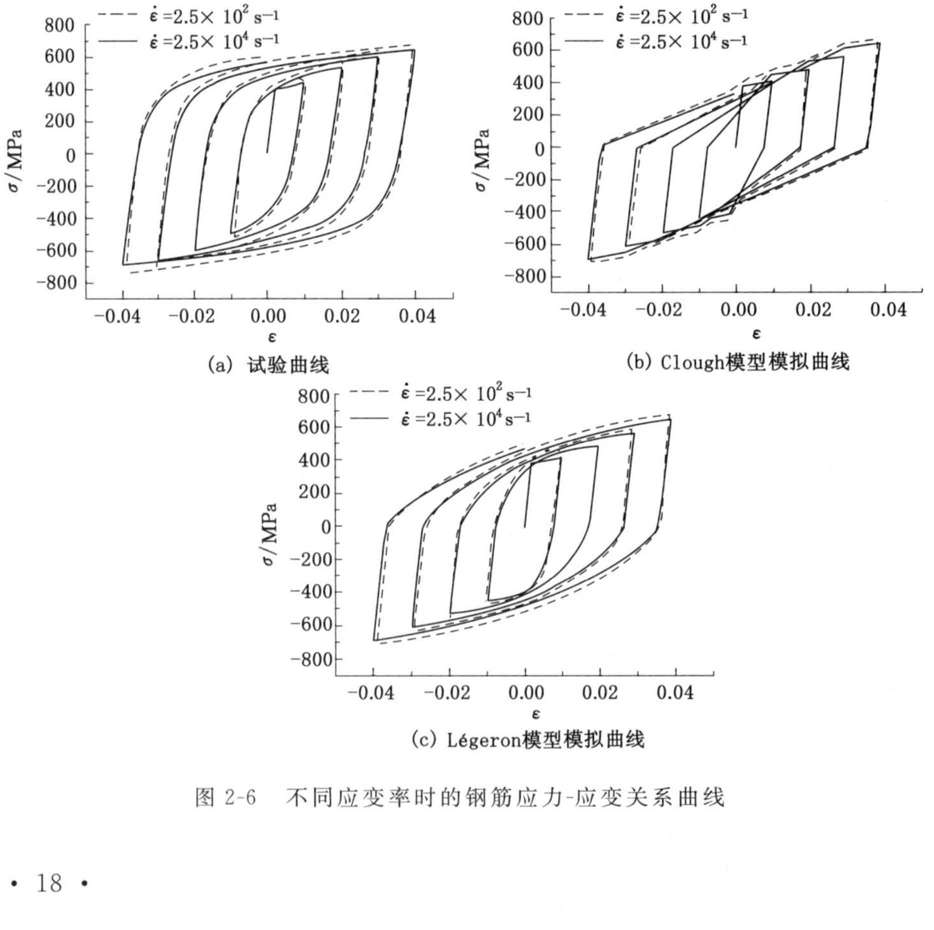

(a) 试验曲线 (b) Clough模型模拟曲线 (c) Légeron模型模拟曲线

图 2-6 不同应变率时的钢筋应力-应变关系曲线

表 2-1　不同加载速率下的钢筋应力

工况	峰值应力/MPa		增长率/%
	动态($2.5\times10^{-4}\ s^{-1}$)	准静态($2.5\times10^{-2}\ s^{-1}$)	
Clough 模型	648.95	674.01	3.9
Légeron 模型	646.07	675.04	4.5
试验	645.21	682.11	5.7

(2) 变速率加载

为了进一步验证所开发的钢筋模型在遭受加载速率实时变化荷载(如地震、强风等)时的工作性能,取文献[46]中长 45 mm 的 A36 钢管试件为研究对象,采用 B31 纤维梁单元建立试件的有限元模型,进行变加载速率数值模拟(应变率为 $10^{-5}\sim10^{-2}\ s^{-1}$)。分别采用 Clough 模型与 Légeron 模型分析得到变加载速率下该试件的应力-应变关系曲线,并与试验曲线进行对比,如图 2-7 所示(1 ksi=6.895 MPa)。表 2-2 给出了加载速率发生变化时过渡区 A、B、C、D 4 个($10^{-2}\ s^{-1}\rightarrow10^{-5}\ s^{-1}\rightarrow10^{-2}\ s^{-1}$)的应力值变化情况。可以看出:模拟曲线与试验曲线的总体趋势基本一致,在应变率过渡区(加载速率先降低后提高),采用两种模型得到的再加载曲线均能很好地模拟出与试验曲线相同的"下凹"现象。Clough 模型的再加载路径是以直线指向上一次加载的最大应变点,对应力、应变最大值的模拟与试验值吻合较好,但是对加载过程中间区域应力、应变的描述略显粗糙,存在一定误差。Légeron 模型则更好地描述加载过程中间区域的应力、应变发展情况,

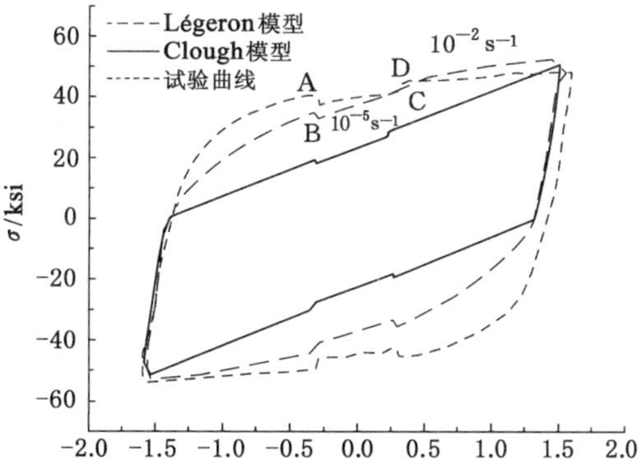

图 2-7　变速加载下钢管应力-应变关系曲线

同时也很好地给出了应力、应变最大值，但计算成本相对较高。总而言之，两种模型均能有效模拟变速率加载过程中应变率的实时变化，可用于分析与研究地震、强风等动荷载作用下的结构相关性能。

表 2-2　变速率加载下的 A36 钢管应力

工况	过渡区应力值/ksi				变化率/%	
	A	B	C	D	B 相对于 A	D 相对于 C
Clough 模型	19.16	18.11	27.44	29.77	5.5	8.5
Légeron 模型	35.65	32.99	40.78	44.33	7.5	8.7
试验	40.41	37.04	41.56	44.68	8.3	7.5

2.4　混凝土材料子程序

2.4.1　混凝土应力-应变骨架曲线

混凝土本构模型采用《混凝土结构设计规范》(GB 50010—2019)中建议的混凝土单轴拉、压本构关系，如图 2-8 所示。混凝土的单轴受拉应力-应变关系按式(2-12)至式(2-15)确定。

$$\sigma = (1 - d_t)E_c\varepsilon \tag{2-12}$$

$$d_t = \begin{cases} 1 - \rho_t(1.2 - 0.2x^5) & (x \leqslant 1) \\ 1 - \dfrac{\rho_t}{\alpha_t\,(x-1)^{1.7} + x} & (x > 1) \end{cases} \tag{2-13}$$

$$\rho_t = \frac{f_{t,r}}{E_c\varepsilon_{t,r}} \tag{2-14}$$

$$x = \frac{\varepsilon}{\varepsilon_{t,r}} \tag{2-15}$$

式中，α_t 为混凝土单轴受拉应力-应变关系曲线下降段的参数；$f_{t,r}$为混凝土的单轴抗拉强度代表值，可根据实际结构分析需要取值；$\varepsilon_{t,r}$为与单轴抗拉强度代表值 $f_{t,r}$相应的混凝土峰值拉应变；d_t 为混凝土单轴受拉损伤演化参数。

混凝土的单轴受压应力-应变关系按式(2-16)至式(2-20)确定。

$$\sigma = (1 - d_c)E_c\varepsilon \tag{2-16}$$

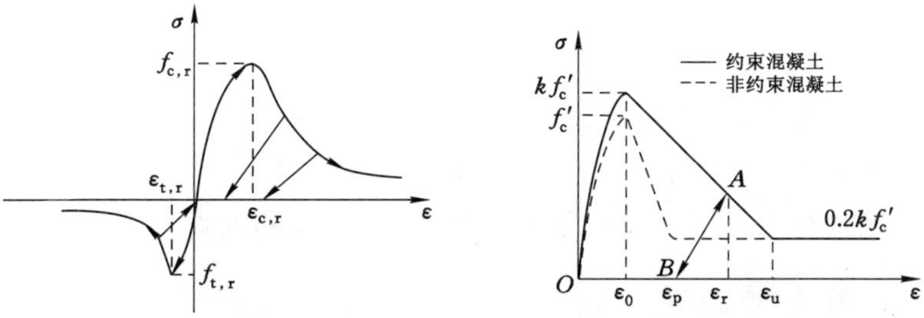

(a) 无约束混凝土　　(b) 约束混凝土

图 2-8　混凝土本构模型

$$d_c = \begin{cases} 1 - \dfrac{\rho_c n}{n - 1 + x^n} & (x \leqslant 1) \\ 1 - \dfrac{\rho_c}{\alpha_c (x - 1)^2 + x} & (x > 1) \end{cases} \tag{2-17}$$

$$n = \frac{E_c \varepsilon_{c,r}}{E_c \varepsilon_{c,r} - f_{c,r}} \tag{2-18}$$

$$x = \frac{\varepsilon}{\varepsilon_{c,r}} \tag{2-19}$$

$$\rho_c = \frac{f_{c,r}}{E_c \varepsilon_{c,r}} \tag{2-20}$$

式中，α_c 为混凝土单轴受压应力-应变关系曲线下降段参数；$f_{c,r}$为混凝土单轴抗压强度代表值，可根据实际结构分析的需要取值；$\varepsilon_{c,r}$为与单轴抗压强度代表值 $f_{c,r}$相应的混凝土峰值压应变；d_c 为混凝土单轴受压损伤演化参数。

采用修正的 Kent-Park 模型[91]考虑箍筋约束效应对混凝土抗压性能的影响，如图 2-8(b)所示，可表示如下：

$$\sigma_c = Kf'_c\left[2\frac{\varepsilon_c}{\varepsilon_0} - \left(\frac{\varepsilon_c}{\varepsilon_0}\right)^2\right] \quad (\varepsilon_c \leqslant \varepsilon_0) \tag{2-21}$$

$$\sigma_c = Kf'_c[1 - Z(\varepsilon_c - \varepsilon_0)] \geqslant 0.2Kf'_c \quad (\varepsilon_0 \leqslant \varepsilon_c \leqslant \varepsilon_u) \tag{2-22}$$

$$\varepsilon_0 = 0.002K \tag{2-23}$$

$$K = 1 + \frac{\rho_s f_{yh}}{f'_c} \tag{2-24}$$

$$Z = \frac{0.5}{\dfrac{3 + 0.29f'_c}{145f'_c - 1\,000} + 0.75\rho_s\sqrt{\dfrac{h'}{s_h}} - 0.002K} \tag{2-25}$$

$$\varepsilon_u = 0.004 + 0.9\rho_s(f_{yh}/300) \tag{2-26}$$

式中，ε_0 为混凝土峰值压应变；ε_u 为混凝土压应力下降到 20％峰值压应力时对应的应变；K 为箍筋约束效应对混凝土抗压强度的提高系数；Z 为与系数 K 相关的应变软化段斜率；f'_c 为混凝土圆柱体抗压强度；f_{yh}为箍筋屈服强度；ρ_s 为箍筋体积配筋率；h'为箍筋肢距；s_h 为箍筋间距。

2.4.2 混凝土加卸载规则

重复荷载作用下受压混凝土卸载及再加载应力路径按下列公式确定：

$$\sigma = E_r(\varepsilon - \varepsilon_z) \tag{2-27}$$

$$E_r = \frac{\sigma_{un}}{\varepsilon_{un} - \varepsilon_z} \tag{2-28}$$

$$\varepsilon_z = \varepsilon_{un} - \frac{(\varepsilon_{un} + \varepsilon_{ca})\sigma_{un}}{\sigma_{un} + E_c\varepsilon_{ca}} \tag{2-29}$$

$$\varepsilon_{ca} = \sqrt{\varepsilon_c\varepsilon_{un}}\max\left\{\frac{\varepsilon_c}{\varepsilon_c + \varepsilon_{un}}, \frac{0.09\varepsilon_{un}}{\varepsilon_c}\right\} \tag{2-30}$$

式中，σ 为受压混凝土的压应力；ε 为受压混凝土的压应变；ε_z 为受压混凝土卸载至零应力点时的残余应变；E_r 为受压混凝土卸载及再加载的变形模量；σ_{un}、ε_{un}为受压混凝土从骨架曲线开始卸载时的应力和应变；ε_{ca}为附加应变；ε_c 为混凝土受压峰值应力对应的应变。

重复荷载作用下的受拉混凝土卸载及再加载应力路径应考虑两种情况：① 受拉前未经历压缩，从骨架曲线上卸载直接指向原点，再加载时按照卸载路径返回；② 受拉前已经历压缩，此时卸载直接指向受压残余应变点，再加载则是从受压残余应变点开始加载直接进入受拉区。

2.4.3 混凝土破坏准则

混凝土的破坏准则主要考虑混凝土极限压应变与开裂应变的影响。当混凝土受拉应变达到或超过开裂应变时，混凝土不再具有抗拉能力，但仍具有抗压能力；当混凝土达到或超过极限压应变时，材料点失效，应力降为0，承载能力丧失，但仍具有一定的变形能力，此时该材料点仅对单元质量有贡献，对单元刚度的贡献为 0。该方法可考虑失效单元质量对结构连续倒塌破坏过程的影响，比直接删除失效单元更能反映实际情况。

混凝土的失效应变可按式(2-31)确定：

$$\varepsilon_{cu} = 0.0033 - (f_{cu,k} - 50) \times 10^{-5} \tag{2-31}$$

式中，ε_{cu}为混凝土极限压应变，当 ε_{cu}大于 0.003 3 时，取 0.003 3；$f_{cu,k}$为混凝土立方体抗压强度标准值。

2.4.4　混凝土应变率效应

目前关于混凝土应变率敏感性研究得到的一致结论是：随着应变率提高，混凝土的单轴抗拉强度、抗压强度以及弹性模量均有不同程度提高。因此，本书考虑应变率对混凝土抗压强度、抗拉强度以及弹性模量的影响。

考虑应变率对混凝土抗压强度、抗拉强度的影响时分别采用文献[92-93]中建议的动态抗压强度与动态抗拉强度计算公式：

$$\frac{f_{cd}}{f_{cs}} = 1.0 + 0.064\ 8\lg\frac{\varepsilon'_c}{\dot{\varepsilon}_{cs}} \tag{2-32}$$

$$\frac{f_{td}}{f_{ts}} = 1.0 + 0.057\lg\frac{\dot{\varepsilon}_t}{\dot{\varepsilon}_{ts}} \tag{2-33}$$

式中，f_{cd}，f_{cs}为混凝土的动态抗压强度和准静态抗压强度；f_{td}，f_{ts}为混凝土动态抗拉强度与准静态抗拉强度；$\dot{\varepsilon}_t$，$\dot{\varepsilon}_c$ 为当前受拉和受压应变率；$\dot{\varepsilon}_{ts}$，$\dot{\varepsilon}_{cs}$为准静态应变率，$\dot{\varepsilon}_{ts}=10^{-5}\ s^{-1}$，$\dot{\varepsilon}_{cs}=10^{-5}\ s^{-1}$。

考虑应变率对混凝土弹性模量的影响时采用文献[94]建议的动态弹性模量计算公式确定：

$$\frac{E_{cd}}{E_{cs}} = 1.0 + 0.051\ 9\lg\frac{\dot{\varepsilon}_c}{\dot{\varepsilon}_{cs}} \tag{2-34}$$

式中，E_{cd}，E_{cs}为混凝土动态弹性模量与准静态弹性模量；$\dot{\varepsilon}_c$ 为当前应变率；$\dot{\varepsilon}_{cs}$为准静态应变率，$\dot{\varepsilon}_{cs}=10^{-5}\ s^{-1}$。

混凝土的拉、压骨架曲线方程为强度与弹性模量的关系式，根据当前应变率实时更新抗拉强度、抗压强度和弹性模量即可获得骨架曲线处加载点应力，并可实时考虑应变率影响。拉、压混凝土再加载点的应力，无论加载速率如何变化，拉、压再加载刚度均由上一次骨架曲线处的卸载刚度确定，即再加载应力由上一次卸载刚度确定。

2.4.5　算例及验证

2.4.5.1　无约束混凝土

以文献[95]中 C25 无约束混凝土立方体试件（100 mm×100 mm×

100 mm)为研究对象,采用 B31 梁单元建立试件有限元模型。分别对应变率为 $10^{-5}\ s^{-1}$、$10^{-4}\ s^{-1}$、$10^{-3}\ s^{-1}$、$10^{-2}\ s^{-1}$的 4 种工况下的混凝土动态抗压性能进行模拟。如图 2-9 所示,给出了不同应变率时无约束混凝土的应力-应变关系曲线。不同工况时峰值应力试验值与模拟值的对比结果列于表 2-3中。由图 2-9 和表 2-3 可以看出:模拟曲线与试验曲线吻合良好,峰值应力模拟值与试验值的误差在 5%以内。随着应变率的提高,混凝土峰值应力和弹性模量均有所增大,峰值应力对应的应变呈减小趋势。

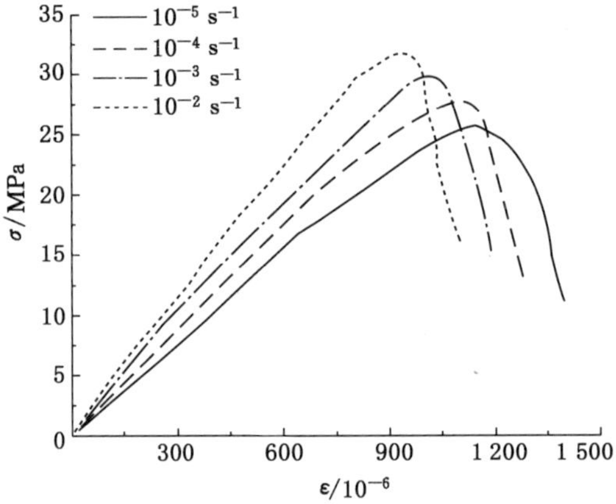

(a) 试验曲线

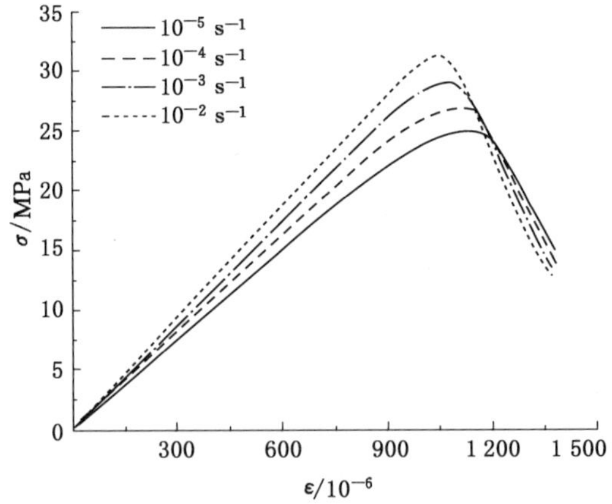

(b) 模拟曲线

图 2-9　不同应变率时无约束混凝土应力-应变关系曲线

表 2-3 不同应变率时混凝土峰值应力

应变率/s^{-1}	峰值应力/MPa		误差/%
	试验值	数值模拟值	
10^{-2}	32.16	31.19	3.0
10^{-3}	29.52	29.03	1.7
10^{-4}	28.14	26.87	4.5
10^{-5}	25.65	25.01	2.5

2.4.5.2 箍筋约束混凝土

取文献[96]中 C30 箍筋约束混凝土试件(C)和无约束混凝土试件(UC)为研究对象，试件尺寸为 150 mm×150 mm×400 mm，C30 混凝土峰值压应力为 24.86 MPa，箍筋采用 HRB400 级钢筋，直径 6 mm，间距 94 mm，配箍率为1.05%。动态加载过程中约束混凝土的率敏感性可认为仅由混凝土产生，不考虑箍筋对混凝土率敏感性的影响。加载工况为 $10^{-5}\ s^{-1}$和 $10^{-2}\ s^{-1}$，分析得到约束混凝土与无约束混凝土应力-应变关系曲线，如图 2-10 所示。

峰值应力的试验值和模拟值的对比情况列于表 2-4 中。应变率分别为 $10^{-5}\ s^{-1}$和 $10^{-2}\ s^{-1}$，箍筋约束混凝土试件核心区混凝土峰值应力模拟结果与试验结果分别相差 5.7%和 0.5%，与试验值基本吻合。因此，所开发的箍筋约束混凝土模型程序能够有效模拟箍筋约束效应和应变率效应对混凝土抗压强度的影响。

表 2-4 不同应变率时约束与无约束混凝土峰值应力对比

配箍情况	应变率/s^{-1}	峰值应力/MPa		误差/%
		试验值	数值模拟值	
无	10^{-5}	24.86	24.86	—
有		34.10	32.16	5.7
无	10^{-2}	33.70	34.16	1.4
有		43.90	44.12	0.5

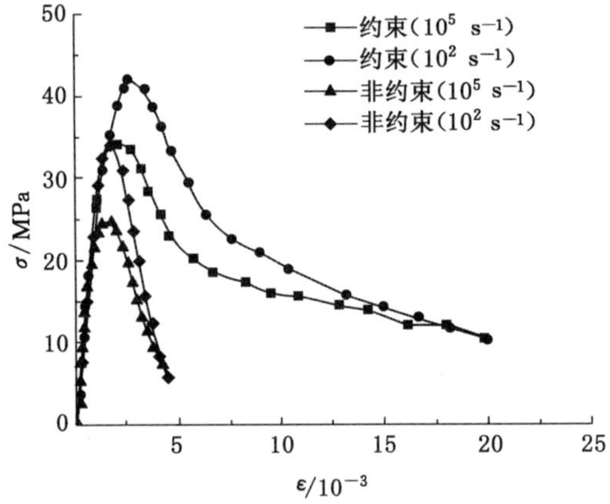

(a) 试验曲线

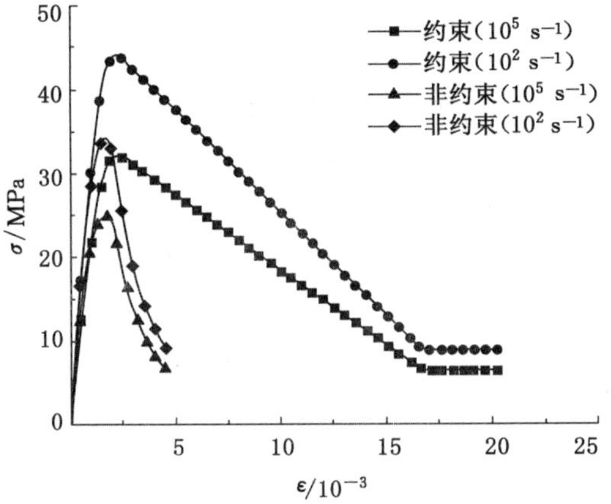

(b) 模拟曲线

图 2-10 不同应变率时约束与非约束混凝土应力-应变关系曲线

2.5 钢筋混凝土构件动态性能数值模拟

为验证钢材与混凝土子程序协同工作的有效性，本节分别对钢筋混凝土梁和柱动态加载试验进行数值模拟，通过与试验结果对比进一步验证钢材混凝土动态纤维梁单元子程序用于钢筋混凝土结构构件动态性能模拟的准确性和可行性。

2.5.1 钢筋混凝土梁动态性能数值模拟

分别对文献[97]中钢筋混凝土梁 B30-CS1（静态）和 B30-CD1（动态）加载工况进行数值模拟，梁试件的详细尺寸及配筋如图 2-11 所示，有效长度 $l=2.34$ m，剪跨比为 5.5，混凝土强度等级为 C30，实测立方体抗压强度为 36.94 MPa，纵筋采用 HRB335，实测屈服强度为 381.6 MPa，强屈比为 1.6。在梁跨中处施加循环往复位移荷载，加载幅值为屈服位移 Δy 的整数倍，每个幅值循环一次，加载过程中加载速率保持恒定，其中 B30-CS1 的加载速率为0.05 mm/s，B30-CD1 的加载速率为 30 mm/s。

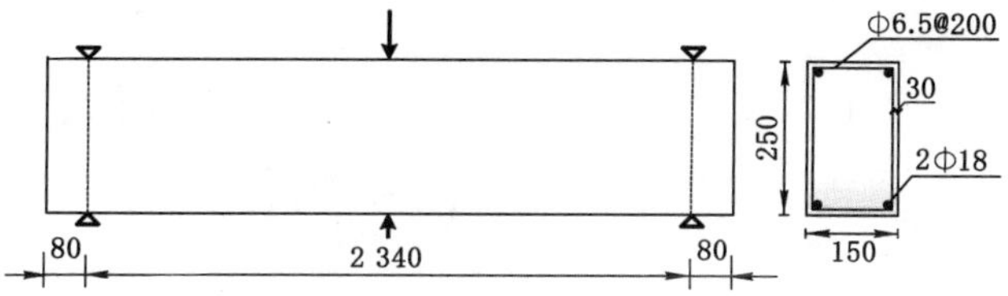

图 2-11　钢筋混凝土梁尺寸及配筋（单位：mm）

混凝土采用编制的混凝土材料子程序，钢筋分别选用所编制的钢材子程序中的 Clough 模型、Légeron 模型和 ABAQUS 中自带的 Plastic 模型。模拟结果与试验结果对比见图 2-12 至图 2-14、表 2-5 至表 2-7。可以看出：对于静态加载工况，采用所开发的子程序能够很好地模拟循环荷载作用下钢筋混凝土梁的受力性能，ABAQUS 自带的 Plastic 模型由于未考虑加、卸载过程中刚度退化的影响而导致滞回曲线形状与试验有较大偏差。而钢筋采用自编的 Clough 模型和 Légeron 模型的模拟结果在承载力、变形性能以及曲线形状等方面均与试验结果吻合较好。两个模型对钢筋混凝土梁的承载力和变形能力的模拟大致相同，但是 Clough 模型比 Légeron 模型能更好地模拟滞回曲线的趋势以及捏缩现象。尽管在对钢材性能测试中 Légeron 模型展现了较高的计算精度，但是在对构件模拟时 Clough 模型则表现了较高的计算效率和精度。由于静态加载工况下 ABAQUS 自带的 Plastic 模型的表现存在一定缺陷，对于动态加载工况，仅对比 Clough 模型和 Légeron 模型的模拟结果。两种模型的数值模拟结果与试验结果都吻合较好，承载力仅比试验值略高。从图 2-14 可以看出：动态加载时能够反映材料的应变率效应，动态加载工况下构件承载力和耗能均有了一定程度的提高，这与试验现象比较吻合。

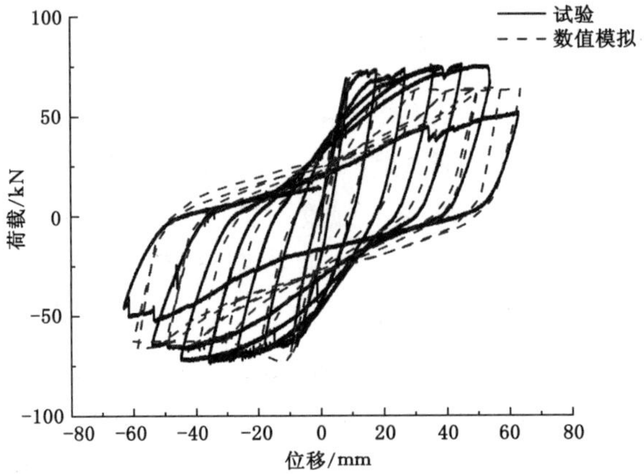

(a) Clough模型

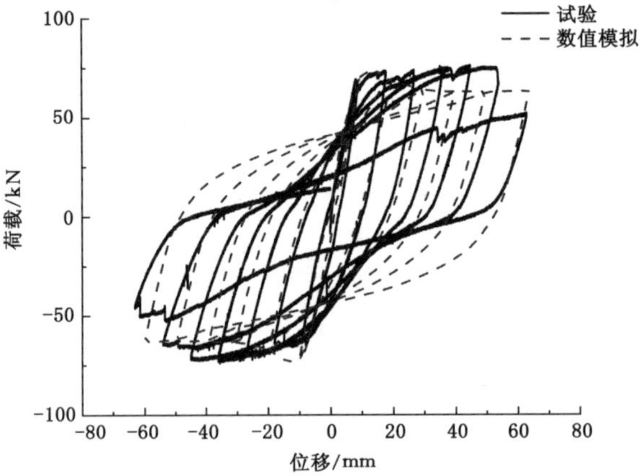

(b) Légeron模型

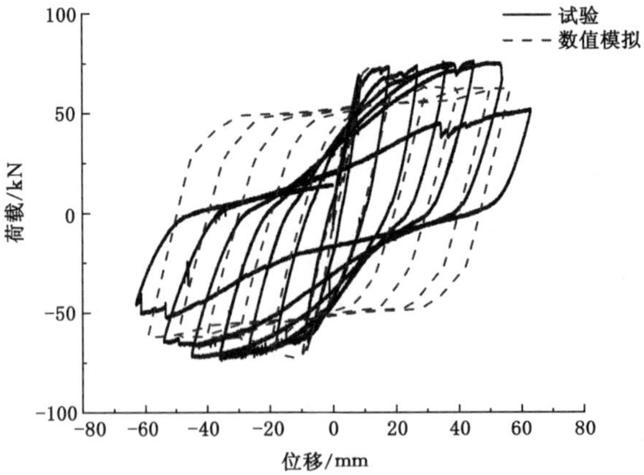

(c) ABAQUS-Plasitc模型

图 2-12　B30-CS1 梁试验与数值模拟结果对比（加载速率为 0.05 mm/s）

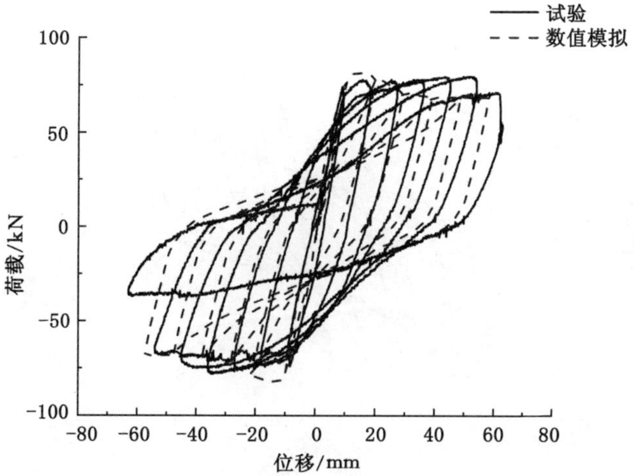

(a) Clough模型

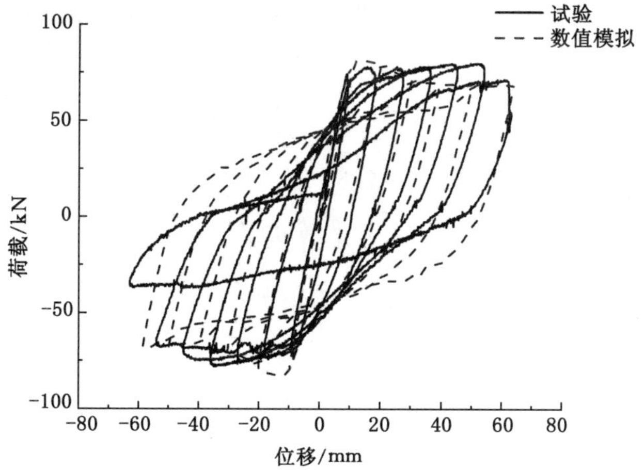

(b) Légeron模型

图 2-13　B30-CD1 梁试验与数值模拟结果对比(加载速率为 30 mm/s)

表 2-5　B30-CS1 静态加载数值模拟结果与试验结果对比

工况	极限荷载/kN		误差/%
	数值模拟值	试验值	
Clough 模型	74.93	76.17	1.63
Légeron 模型	75.65		0.68

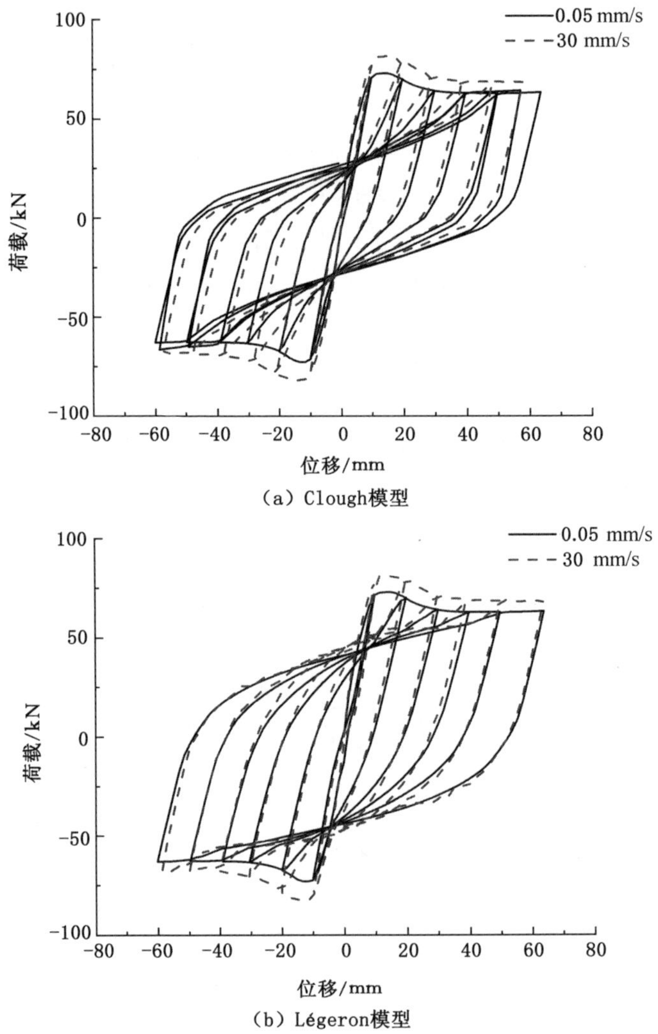

图 2-14　B30-CS1 和 B30-CD1 滞回曲线模拟结果对比

表 2-6　B30-CD1 动态加载数值模拟结果与试验结果对比

工况	极限荷载/kN		误差/%
	数值模拟值	试验值	
Clough 模型	82.41	79.61	3.52
Légeron 模型	82.22		3.28

表 2-7　B30-CS1 与 B30-CD1 数值模拟及试验结果对比

工况	极限荷载/kN		强度增长率/%
	B30-CS1	B30-CD1	
Clough 模型	74.93	82.41	9.88
Légeron 模型	75.65	82.22	8.68
试验	76.17	79.61	4.52

2.5.2　钢筋混凝土柱动态性能数值模拟

选取文献[98]中循环荷载作用下钢筋混凝土柱静态加载工况 S1 和动态加载工况 D1 进行模拟，S1 和 D1 的加载速率分别为 0.1 mm/s 和 40 mm/s。混凝土强度等级为 C30，实测混凝土立方体抗压强度为 50.73 MPa，纵筋采用 HRB335 级，实测屈服强度为 381.5 MPa，箍筋采用 HPB235，轴压比取 0.05，柱尺寸和配筋如图 2-15 所示。钢材子程序的使用设置与 2.4 节一致，混凝土材料子程序分别选用了箍筋约束混凝土模型和非约束混凝土模型，模拟结果见图 2-16 至图 2-21 以及表 2-8 至表 2-10。

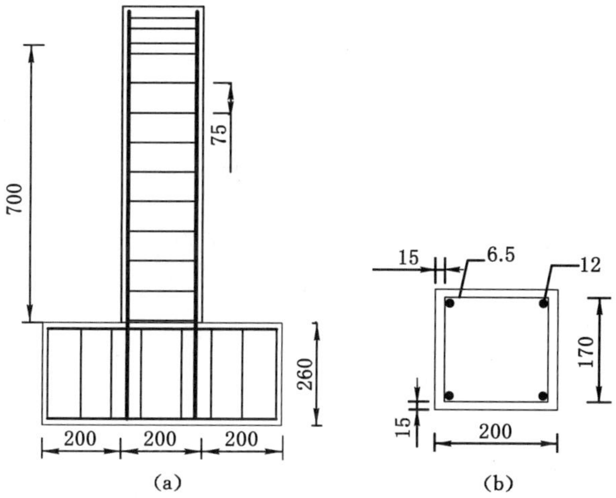

图 2-15　试件尺寸及配筋(单位:mm)

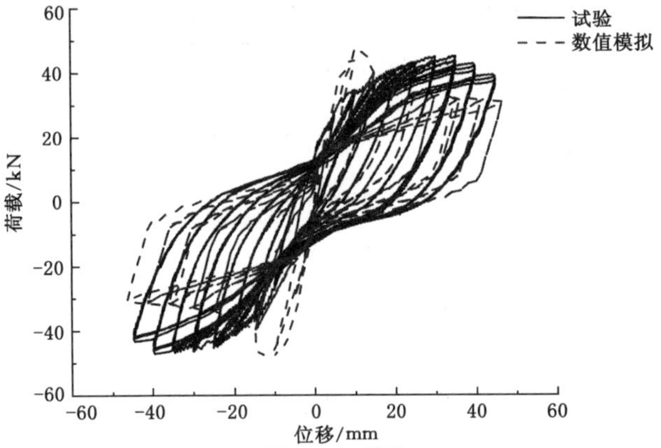

(a) Clough模型

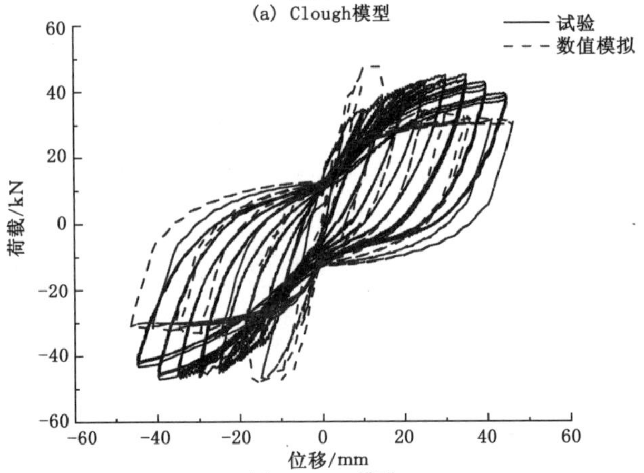

(b) Légeron模型

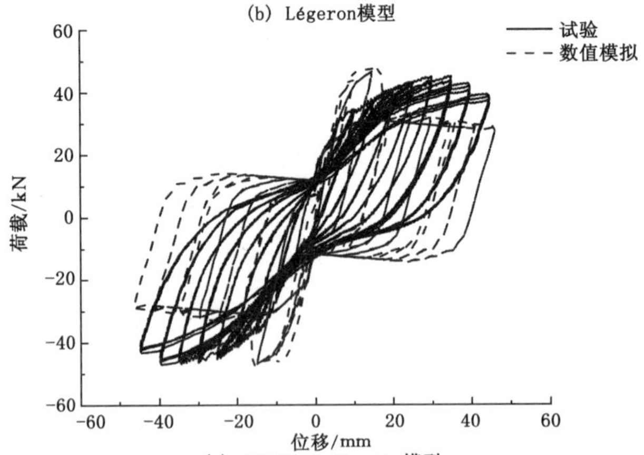

(c) ABAQUS-Plasitc模型

图 2-16　S1 模拟结果与试验结果对比

(非约束混凝土，加载速率为 0.1 mm/s)

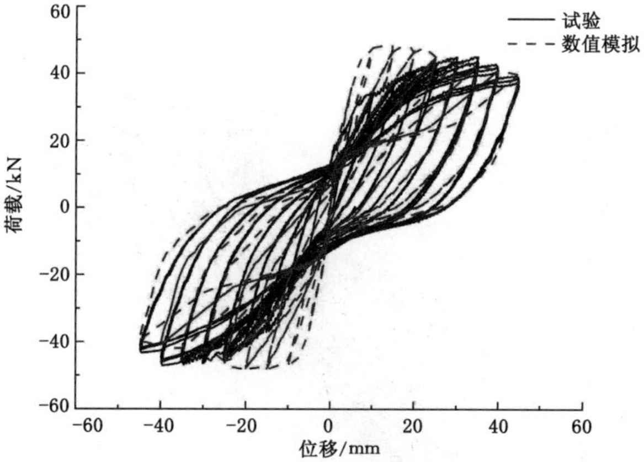

(a) Clough模型

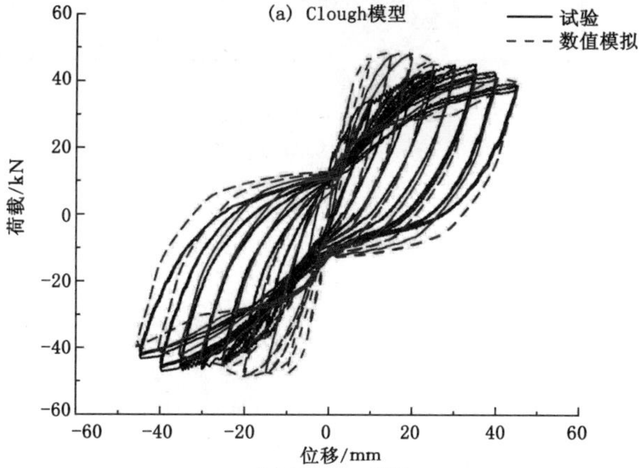

(b) Légeron模型

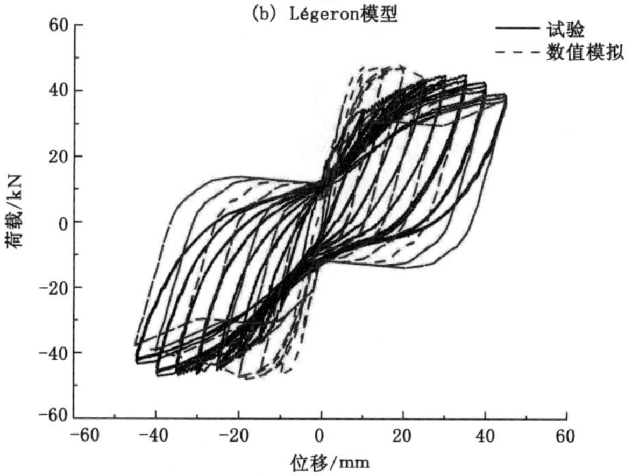

(c) ABAQUS-Plasitc模型

图 2-17　S1 模拟结果与试验结果对比

(箍筋约束混凝土,加载速率为 0.1 mm/s)

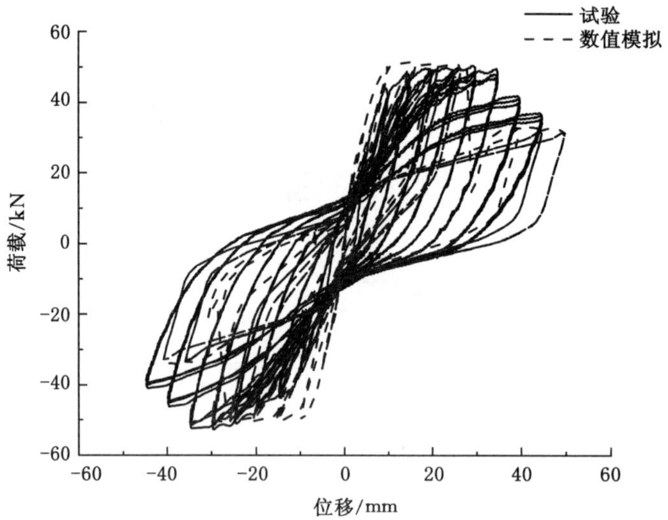

(a) Clough模型

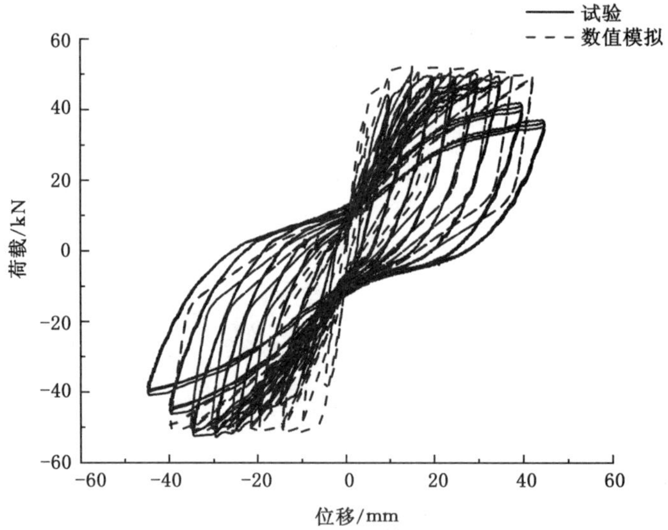

(b) Légeron模型

图 2-18　D1 模拟结果与试验结果对比

(非约束混凝土,加载速率为 40 mm/s)

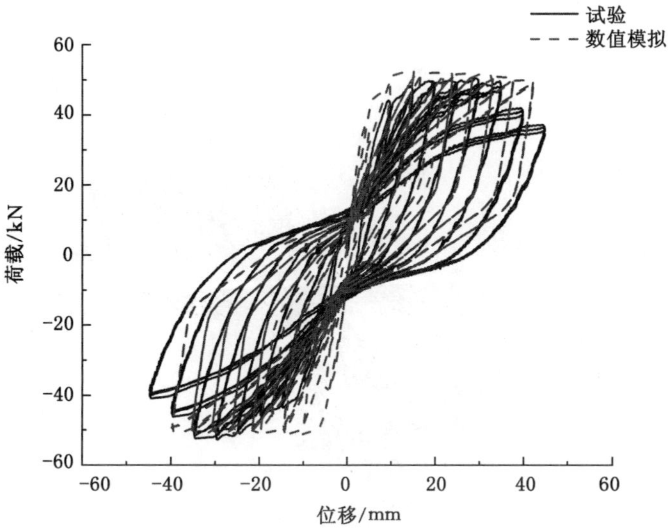

(a) Clough模型

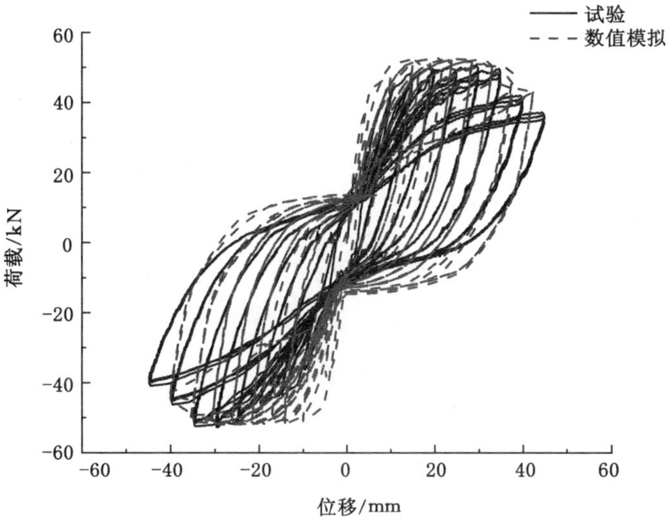

(b) Légeron模型

图 2-19　D1 模拟结果与试验结果对比

（箍筋约束混凝土，加载速率为 40 mm/s）

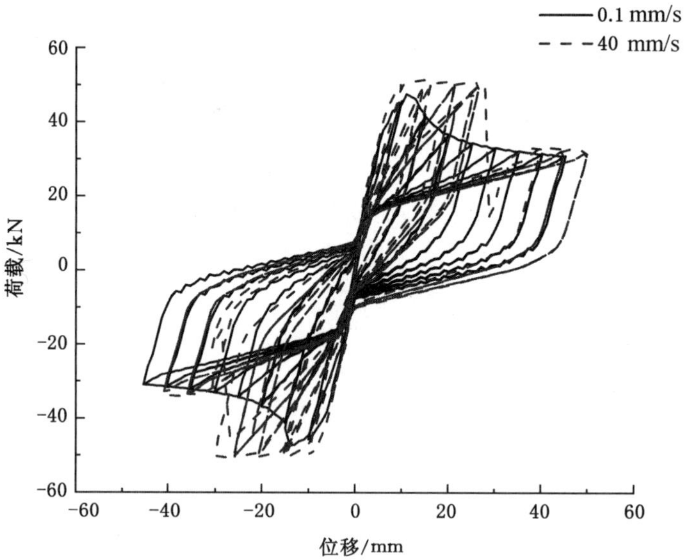

(a) Clough模型

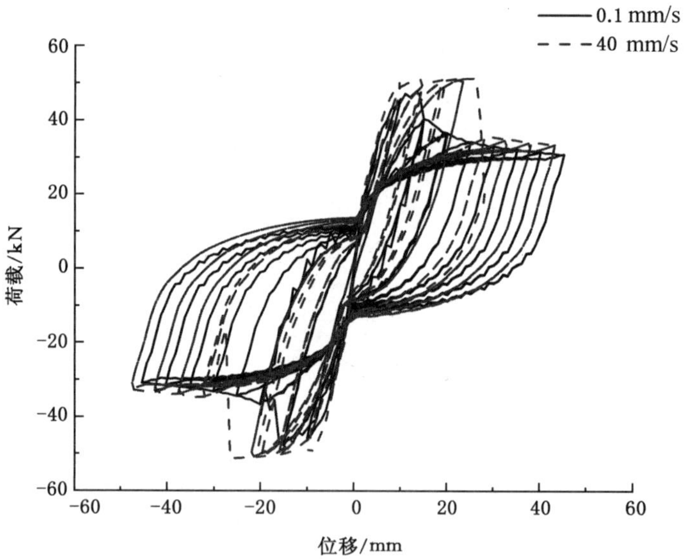

(b) Légeron模型

图 2-20　D1 与 S1 模拟结果对比(非约束混凝土)

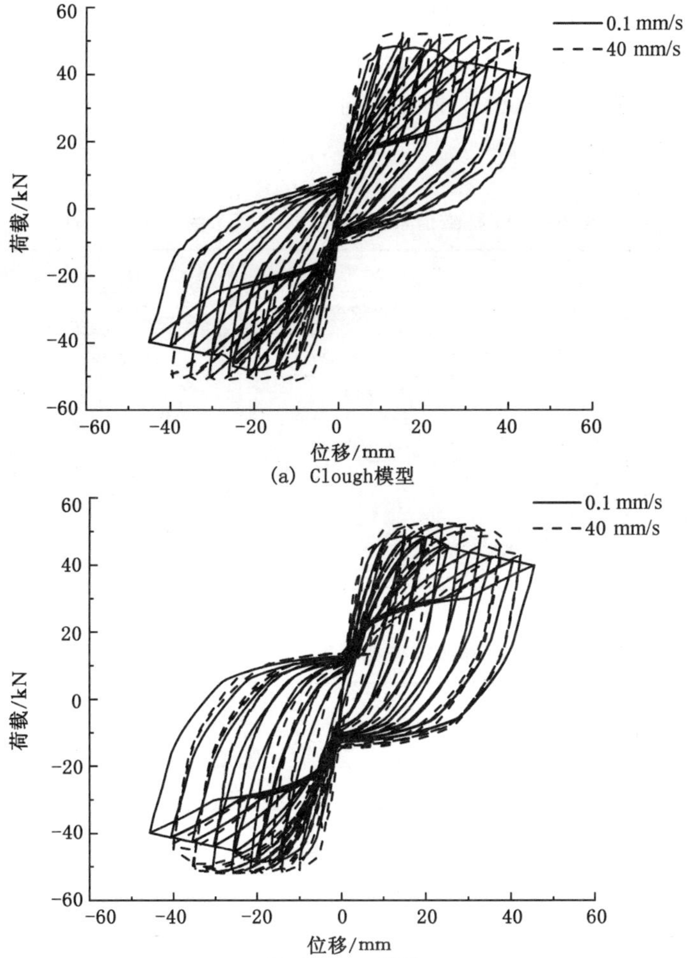

(a) Clough模型

(b) Légeron模型

图 2-21　D1 与 S1 模拟结果对比(箍筋约束混凝土)

可以看出:不同工况下钢筋混凝土柱极限承载力模拟值与试验值误差比较接近,均小于 5%,各模型对试件承载力的模拟均较为准确。ABAQUS 自带的 Plastic 模型未考虑再加载过程中的刚度退化,对 RC 柱滞回曲线形状以及捏缩现象的模拟效果较差。Clough 模型与 Légeron 模型的模拟效率大致相当,仅初始刚度和承载力比试验值略大,滞回曲线、变形行为及强度退化等均与试验曲线吻合较好。同时,采用箍筋约束混凝土模型的分析结果,在曲线形状、承载力、刚度以及变形性能等方面均比无约束混凝土模型更准确,与试验结果更接近。因此,箍筋对混凝土的约束效应在柱的受力性能模拟中必须考虑。从图 2-20和图 2-21 可以看出:材料子程序很好地反映了材料应变率效应,提高了构件的强度储备,承载力和耗能能力均有一定程度的提升,与试验结果及试验现象基本一致。

表 2-8　S1 柱数值模拟结果(加载速率为 0.1 mm/s)

混凝土模型	钢筋模型	极限荷载/kN		误差/%
		数值模拟值	试验值	
非约束	ABAQUS-Plastic	47.69	47.04	1.38%
	Clough	48.36		2.81%
	Légeron	47.91		1.85%
箍筋约束	ABAQUS-Plastic	48.02		2.08%
	Clough	48.37		2.55%
	Légeron	48.61		3.34%

表 2-9　D1 柱数值模拟结果(加载速率为 0.1 mm/s)

混凝土模型	钢筋模型	极限荷载/kN		误差/%
		数值模拟值	试验值	
非约束	Clough	51.48	52.34	1.64
	Légeron	51.25		2.08
箍筋约束	Clough	52.30		0.08
	Légeron	52.69		0.67

表 2-10　D1 与 S1 数值模拟结果对比

混凝土模型	钢筋模型	极限荷载/kN		强度增长率/%
		加载速率为 0.1 mm/s	加载速率为 40 mm/s	
非约束	Clough	48.36	51.48	6.45
	Légeron	47.91	51.25	6.97
箍筋约束	Clough	48.37	52.30	8.12
	Légeron	48.61	52.69	8.39
试验结果		47.04	52.34	11.26

第 3 章　钢筋混凝土结构地震模拟振动台试验

3.1　概述

为了进一步验证子程序用于结构非线性响应分析的可靠性以及深入研究材料应变率效应对钢筋混凝土结构地震反应及灾变机理的影响，本章进行了动力试验模型材料动态性能试验，并提出动力模型试验材料微粒混凝土动态受压关系和镀锌铁丝动态受拉关系表达式，可用于振动台试验模型的数值模拟。最后进行了 1/5 缩尺的钢筋混凝土结构模型的振动台试验，研究了该模型在地震动激励下的动态响应及破坏机理。

3.2　微粒混凝土动态受压性能试验与数值模拟

3.2.1　试验概况

微粒混凝土试块采用 100 mm×100 mm×100 mm 的立方体，试块的强度设计等级为 C10。试件中作为粗骨料的细石粒径为 2.5～5.0 mm，细骨料为粒径小于 2.5 mm 的细砂，水泥采用 $325^{\#}$ 普通硅酸盐水泥。微粒混凝土配合比为 $m_{水泥}:m_{砂子}:m_{石子}:m_{水}=1:3.26:3.98:0.82$，用钢模在振动台上浇筑成型，24 h 自然养护，脱模后送入标准养护室养护，试验时龄期超过 28 d。

采用大连理工大学结构实验室的大型静、动三轴电液伺服试验系统，如图 3-1(a) 所示，该设备可提供的最大拉力为 1 000 kN，最大压力为 2 500 kN，空载时可以提供的最大加载速率为 56 mm/s，加载头的行程范围为±100 mm,控制方式有荷载控制和位移控制。可以实现单调加载以及三角波、正弦波、方波和梯形波等多种波形加载,加载头端部安装的球铰可以自动校正试件的不均匀受力,在加载方向设有荷载传感器,位移由高精度电感式位移传感器(LVDT)量测,荷载和位移信号转换成数字信号由计算机采集,采用试验机自带的多通道协调加载控制系统软件编制试验控制及数据采集程序,并完成加载。

(a) 试验系统

(b) 试件安装

图 3-1 电液伺服试验系统与微粒混凝土试件安装

综合考虑地震作用应变率范围和试验系统的能力,分别研究应变率为 $10^{-5}\ s^{-1}$、$10^{-4}\ s^{-1}$、$10^{-3}\ s^{-1}$、$10^{-2}\ s^{-1}$时微粒混凝土的抗压性能,将应变率为 $10^{-5}\ s^{-1}$时的试验结果作为准静态试验结果。试件受压面与加载板之间采取减磨措施:在 3 层塑料薄膜之间夹 2 层黄油,在塑料薄膜和试件受压面之间再涂 1 层黄油,共计 3 层塑料薄膜和 3 层黄油。试验时:首先,将试件放在下部加载板上,通过计算机控制使上部加载板靠近试件,并调整每个球铰使加载板对准试件;然后,通过控制油缸使加载板接触试件并预加载至 10 kN,观察预加载后试件是否对中,如果没有对中继续调整球铰,确保试件对中准确后安装位移传感器(LVDT);最后,根据试验要求在计算机程序中设定加载速率,进行单调加载试验,安装试件后如图 3-1(b)所示。试验采用位移控制,并且在加载过程中保持加载速率恒定,每个应变率数据的确定至少进行 3 个试件的加载。数据离散较大时,增加试件的数目。

3.2.2 微粒混凝土动态受压性能

试验得到的不同应变率时微粒混凝土应力-应变关系曲线如图 3-2 所

示，可以看出微粒混凝土不同应变率时的应力-应变关系曲线形态具有一定的相似性。

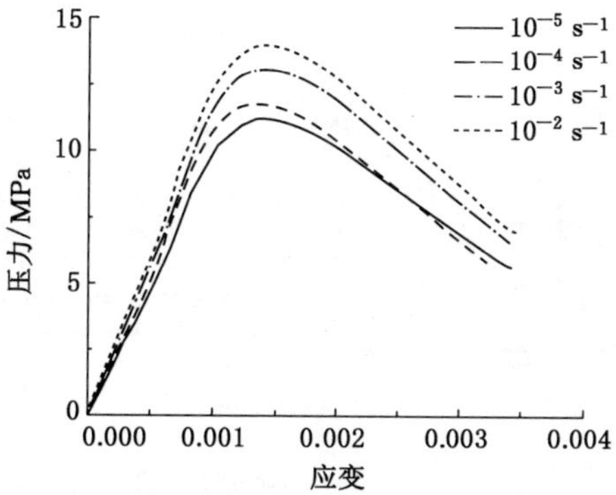

图 3-2　不同应变率时微粒混凝土应力-应变关系曲线（试验结果）

试验测得不同应变率时微粒混凝土动态抗压强度值（表 3-1）。随着应变率的提高，微粒混凝土抗压强度呈现增大的趋势。以应变率为 $10^{-5}\ s^{-1}$ 时的强度作为准静态抗压强度。当应变率为 $10^{-4}\ s^{-1}$、$10^{-3}\ s^{-1}$ 和 $10^{-2}\ s^{-1}$ 时，微粒混凝土的抗压强度分别增大 5.4%、17.2% 和 24.7%。如图 3-3 所示，微粒混凝土的动、静态抗压强度比与应变率对数之间近似呈线性关系。微粒混凝土动、静态抗压强度比与应变率对数之间的近似关系表达式为：

$$\mathrm{DIF_c} = f_c^d / f_{cs} = 0.989\,2 + 0.086\,07\lg(\dot{\varepsilon}_c / \dot{\varepsilon}_{cs}) \tag{3-1}$$

式中，f_c^d 为当前应变率时的微粒混凝土抗压强度；f_{cs} 为准静态应变率时的微粒混凝土抗压强度；$\dot{\varepsilon}_c$ 为当前应变率；$\dot{\varepsilon}_{cs}$ 为准静态应变率，$\dot{\varepsilon}_{cs} = 10^{-5}\ s^{-1}$。

表 3-1　不同应变率时微粒混凝土的动态抗压强度　　单位：MPa

应变率/s^{-1}	试块 1	试块 2	试块 3	平均值
10^{-5}	10.32	11.12	12.17	11.20
10^{-4}	11.73	11.24	12.43	11.80
10^{-3}	12.48	13.12	13.80	13.13
10^{-2}	13.76	13.36	14.79	13.97

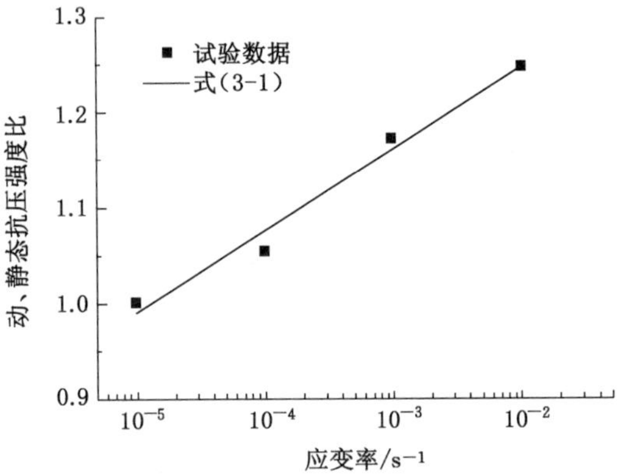

图 3-3　微粒混凝土动、静态抗压强度比与应变率的关系曲线

试验测得的微粒混凝土不同应变率时峰值应力对应的应变结果见表 3-2。微粒混凝土不同应变率时峰值应力对应的应变没有较为明显的变化规律，但略有增大的趋势。对于本书所采用的微粒混凝土，建议值取1.353×10^{-3}。

表 3-2　不同应变率时微粒混凝土的峰值应力对应的应变

应变率/s^{-1}	试块 1	试块 2	试块 3	平均值
10^{-5}	1.408×10^{-3}	1.371×10^{-3}	1.313×10^{-3}	1.364×10^{-3}
10^{-4}	1.333×10^{-3}	1.228×10^{-3}	1.329×10^{-3}	1.297×10^{-3}
10^{-3}	1.377×10^{-3}	1.346×10^{-3}	1.390×10^{-3}	1.371×10^{-3}
10^{-2}	1.380×10^{-3}	1.472×10^{-3}	1.285×10^{-3}	1.379×10^{-3}

由于试验结果具有一定的离散性，很难准确得到微粒混凝土的弹性模量。本书取 40%峰值应力处的割线弹性模量作为微粒混凝土的弹性模量，见表 3-3。微粒混凝土的弹性模量随着应变率的增大有增大的趋势。经过计算分析，准静态应变率为 $10^{-5}\ s^{-1}$时的弹性模量为 9 484 MPa，当应变率为 $10^{-4}\ s^{-1}$、$10^{-3}\ s^{-1}$ 和 $10^{-2}\ s^{-1}$ 时，微粒混凝土的弹性模量分别增大11.1%、16.2%和25.5%。如图 3-4 所示，微粒混凝土的动、静态弹性模量比与应变率对数之间近似呈线性关系。微粒混凝土动、静态弹性模量比与应变率对数之间的近似关系式为：

$$\mathrm{DIF_E} = E_c^d / E_{cs} = 1.00974 + 0.08142\lg(\dot{\varepsilon}_c / \dot{\varepsilon}_{cs}) \tag{3-2}$$

式中，E_c^d 为当前应变率时微粒混凝土的抗压强度；E_{cs}为准静态应变率时微粒混凝土的抗压强度；$\dot{\varepsilon}_c$ 为当前应变率；$\dot{\varepsilon}_{cs}$ 为准静态应变率，$\dot{\varepsilon}_{cs} = 10^{-5}\ \mathrm{s}^{-1}$。

表 3-3　不同应变率时微粒混凝土的弹性模量　　单位：MPa

应变率/s^{-1}	试块 1	试块 2	试块 3	平均值
10^{-5}	9 197	9 588	9 666	9 484
10^{-4}	10 219	10 521	10 874	10 538
10^{-3}	11 038	10 854	11 161	11 018
10^{-2}	12 314	11 966	11 413	11 898

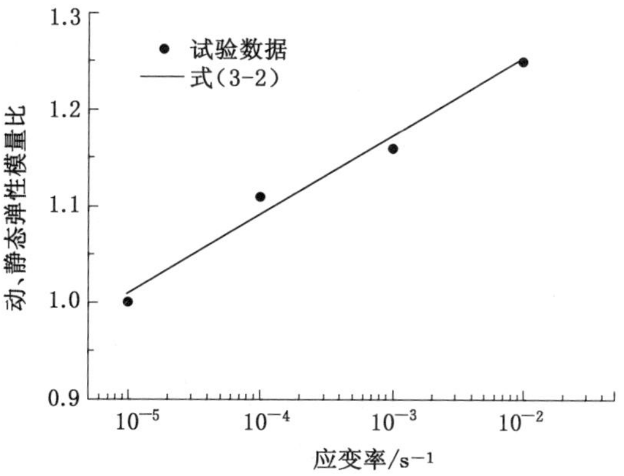

图 3-4　微粒混凝土动、静态弹性模量比与应变率的关系曲线

3.2.3　微粒混凝土动态抗压性能有限元分析

基于 ABAQUS 软件平台，采用混凝土损伤塑性模型模拟混凝土，并采用三维 8 节点缩减积分单元 C3D8R 建模；加载头采用离散刚体单元 R3D4 建模，采用显式分析求解器进行求解，有限元模型的加载过程如图 3-5 所示。

图 3-6 给出了不同应变率时微粒混凝土应力-应变关系曲线数值模拟结果。表 3-4 给出了不同应变率时微粒混凝土抗压强度数值模拟结果与试验

结果的对比。由于峰值应力对应的应变试验结果随着应变率的变化没有明显变化，数值模拟中微粒混凝土峰值应力对应的应变建议取 1.353×10^{-3}。取不同应变率时数值模拟结果的平均值与试验结果平均值进行比较，见表3-5。表3-6给出了不同应变率时微粒混凝土弹性模量数值模拟结果与试验结果的对比，可以看出数值模拟结果与试验结果吻合较好。

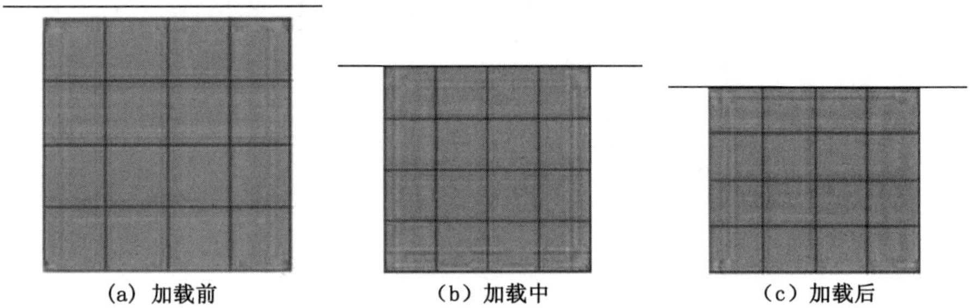

图 3-5　有限元加载过程

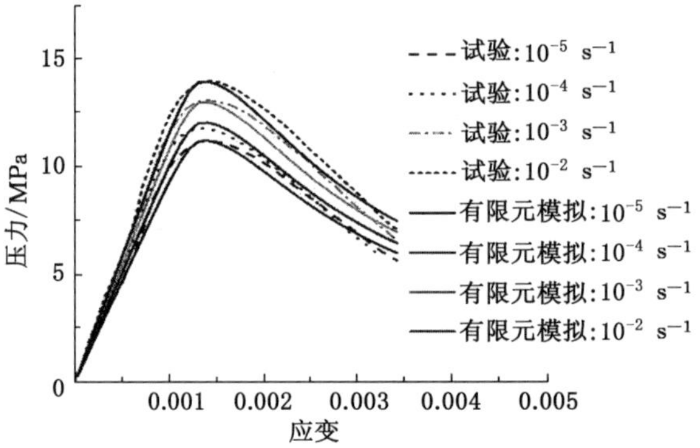

图 3-6　不同应变率时微粒混凝土应力-应变关系曲线数值模拟结果

表 3-4　不同应变率时微粒混凝土抗压强度模拟结果与试验结果对比

应变率/s^{-1}	抗压强度/MPa		误差/%
	试验值	数值模拟值	
10^{-5}	11.20	11.10	0.90
10^{-4}	11.80	11.23	5.08
10^{-3}	13.13	12.90	1.78
10^{-2}	13.97	13.76	1.53

表 3-5　不同应变率时微粒混凝土峰值应力对应的应变模拟结果与试验结果对比

应变率/s^{-1}	峰值应变/10^{-3}				误差/%
	试验值	数值模拟值	试验平均值	数值模拟平均值	
10^{-5}	1.364	1.210			
10^{-4}	1.297	1.286	1.353	1.270	6.54
10^{-3}	1.371	1.288			
10^{-2}	1.379	1.294			

表 3-6　不同应变率时微粒混凝土弹性模量的模拟结果与试验结果对比

应变率/s^{-1}	弹性模量/MPa		误差/%
	试验值	数值模拟值	
10^{-5}	9 484	9 690	2.17
10^{-4}	10 538	10 563	0.24
10^{-3}	11 018	11 049	0.28
10^{-2}	11 898	11 885	1.09

3.3　镀锌铁丝动态拉伸试验与数值模拟

3.3.1　试验概况

采用 MTS New810 电液伺服材料试验机进行加载，如图 3-7 所示。试验机最大负荷为±100 kN，频率范围为 0.001～40 Hz，工作活塞最大行程为±80 mm，可采用力、位移和应变等方式进行加载控制。按照试验要求在计算机程序中设定加载速率，并在试验过程中保持应变率恒定。设定准静态应变率为$2.5\times10^{-4}\ s^{-1}$。由于镀锌铁丝的型号是通过直径来区分的，而不同型号的镀锌铁丝在力学性能上会存在一些差异，因此取用 3 种比较常用的镀锌铁丝直径分别为 1.6 mm、2 mm 和 2.8 mm。在不同应变率时进行单调拉伸加载试验，标距长度取 50 mm。应变率取地震作用应变率变化范围内的 4 个典型值，分别为 $2.5\times10^{-4}\ s^{-1}$、$2.5\times10^{-3}\ s^{-1}$、$2.5\times10^{-2}\ s^{-1}$、$2.5\times10^{-1.4}\ s^{-1}$，每种情况进行 3 次试验，试验时室温为 25 ℃。

图 3-7　MTS New810 电液伺服材料试验机

3.3.2　不同应变率时镀锌铁丝动态拉伸试验结果分析

图 3-8 为不同直径的镀锌铁丝试验后的破坏形态。图 3-9 为镀锌铁丝不同应变率时的拉伸应力-应变关系曲线。表 3-7 至表 3-11 分别列出了 3 种不同型号的镀锌铁丝不同应变率时的屈服强度、抗拉强度、应变硬化起始应变、峰值应变和极限延伸率。随着应变率的提高，镀锌铁丝的弹性模量基本保持不变，分别为 72 023 MPa、71 371 MPa 和 73 235 MPa。屈服强度与抗拉强度有所提高，应变率从 $2.5\times10^{-4}\ s^{-1}$ 增大到 $2.5\times10^{-1.4}\ s^{-1}$ 时，屈服强度分别提高了 20.69%、12.11% 和 9.14%，抗拉强度分别提高了 8.72%、5.99% 和 3.15%。应变硬化起始应变有增大的趋势，但不是十分明显，而且 3 mm 镀锌铁丝在应变率为 $2.5\times10^{-1.4}\ s^{-1}$ 时的应变硬化起始应变减小，因此近似认为是不随应变率变化的常量，分别为 0.794×10^{-2}、1.701×10^{-2} 和 0.671×10^{-2}。极限应变也没有表现出明显的应变率敏感性，近似认为是不随应变率变化的常量，分别为 22.84×10^{-2}、21.11×10^{-2} 和 18.29×10^{-2}。随着应变率的提高，极限延伸率呈现先增大后减小的趋势。

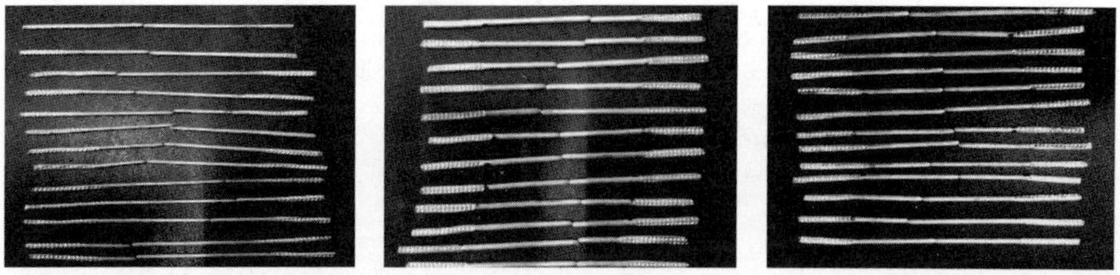

(a) D=1.6 mm　　(b) D=2 mm　　(c) D=2.8 mm

图 3-8　镀锌铁丝受拉破坏状态

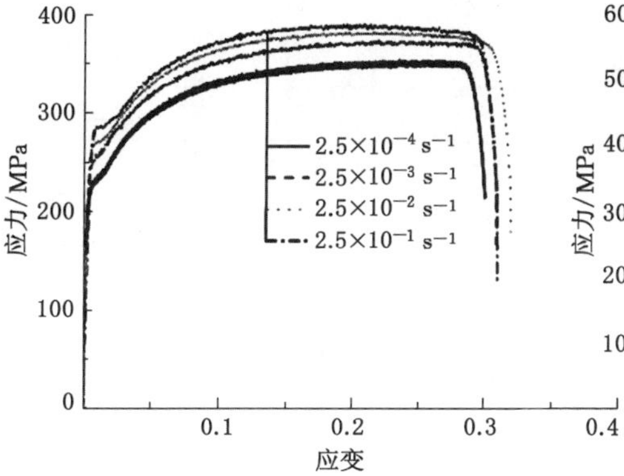

(a) D=1.6 mm

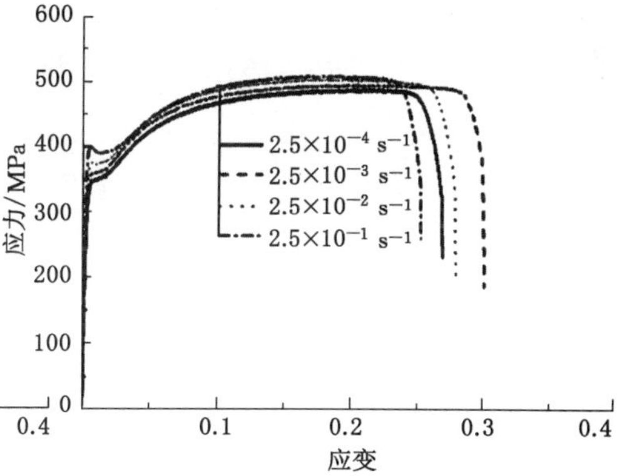

(b) D=2.0 mm

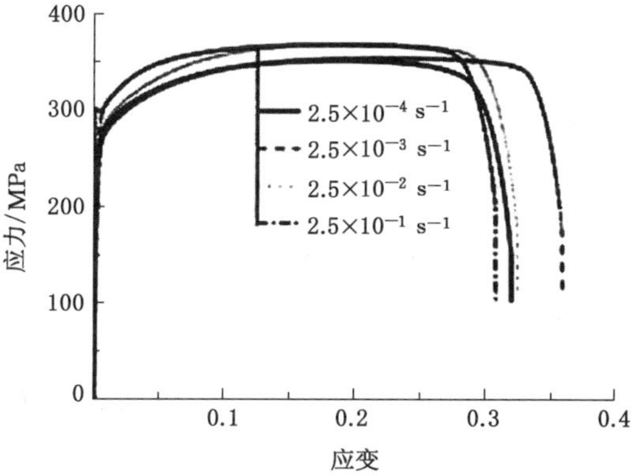

(c) D=2.8 mm

图 3-9　不同应变率时镀锌铁丝应力-应变关系曲线

表 3-7　不同应变率时镀锌铁丝的屈服强度

直径/mm	应变率/s^{-1}	f_{y1}/MPa	f_{y2}/MPa	f_{y3}/MPa	平均值/MPa
1.6	2.5×10^{-4}	237.32	240.09	238.25	238.55
	2.5×10^{-3}	247.14	254.59	252.44	251.39
	2.5×10^{-2}	268.42	257.49	267.28	264.40
	$2.5\times10^{-1.4}$	297.52	280.45	285.72	287.90
2	2.5×10^{-4}	358.09	354.66	351.26	354.67
	2.5×10^{-3}	366.18	363.06	355.69	361.64
	2.5×10^{-2}	372.90	377.36	377.09	375.78
	$2.5\times10^{-1.4}$	398.06	393.76	401.04	397.62
2.8	2.5×10^{-4}	269.71	273.58	277.34	273.54
	2.5×10^{-3}	279.65	279.91	278.66	279.41
	2.5×10^{-2}	289.60	283.20	284.60	285.80
	$2.5\times10^{-1.4}$	310.01	296.09	289.51	298.54

表 3-8　不同应变率时镀锌铁丝的极限抗拉强度

直径/mm	应变率/s^{-1}	f_{u1}/MPa	f_{u2}/MPa	f_{u3}/MPa	平均值/MPa
1.6	2.5×10^{-4}	353.38	355.12	360.53	356.34
	2.5×10^{-3}	356.18	370.53	373.66	366.79
	2.5×10^{-2}	382.98	375.13	373.45	377.19
	$2.5\times10^{-1.4}$	393.46	378.61	390.18	387.42
2	2.5×10^{-4}	488.71	485.82	484.53	486.35
	2.5×10^{-3}	501.45	494.75	487.77	494.66
	2.5×10^{-2}	496.59	504.25	500.90	500.58
	$2.5\times10^{-1.4}$	517.41	509.11	519.89	515.47
2.8	2.5×10^{-4}	351.65	352.72	353.20	352.52
	2.5×10^{-3}	352.74	355.55	353.29	353.86
	2.5×10^{-2}	352.42	365.70	369.67	362.60
	$2.5\times10^{-1.4}$	367.27	365.37	358.25	363.63

表 3-9　不同应变率时镀锌铁丝的应变硬化起始应变

直径/mm	应变率 /s^{-1}	$\varepsilon_{h1}/10^{-2}$	$\varepsilon_{h2}/10^{-2}$	$\varepsilon_{h3}/10^{-2}$	平均值/10^{-2}
1.6	2.5×10^{-4}	0.710	0.697	0.721	0.709
	2.5×10^{-3}	0.769	0.703	0.711	0.728
	2.5×10^{-2}	0.821	0.784	0.819	0.808
	$2.5\times10^{-1.4}$	0.928	0.927	0.939	0.931
2	2.5×10^{-4}	1.506	1.600	1.411	1.506
	2.5×10^{-3}	1.622	1.449	1.504	1.538
	2.5×10^{-2}	1.862	1.769	1.863	1.831
	$2.5\times10^{-1.4}$	1.887	1.912	1.960	1.920
2.8	2.5×10^{-4}	0.624	0.614	0.656	0.631
	2.5×10^{-3}	0.666	0.765	0.632	0.688
	2.5×10^{-2}	0.657	0.728	0.723	0.703
	$2.5\times10^{-1.4}$	0.619	0.623	0.736	0.660

表 3-10　不同应变率时镀锌铁丝的峰值应变

直径/mm	应变率/s^{-1}	$\varepsilon_{u1}/10^{-2}$	$\varepsilon_{u2}/10^{-2}$	$\varepsilon_{u3}/10^{-2}$	平均值/10^{-2}
1.6	2.5×10^{-4}	23.52	25.16	21.44	23.37
	2.5×10^{-3}	26.46	24.74	23.52	24.91
	2.5×10^{-2}	25.01	21.57	21.31	22.63
	$2.5\times10^{-1.4}$	18.84	22.81	19.69	20.45
2	2.5×10^{-4}	24.40	24.48	24.32	24.40
	2.5×10^{-3}	22.37	20.18	20.88	21.14
	2.5×10^{-2}	19.49	19.86	18.23	19.19
	$2.5\times10^{-1.4}$	19.77	19.25	20.08	19.70
2.8	2.5×10^{-4}	18.31	17.94	18.02	18.09
	2.5×10^{-3}	18.20	22.03	17.88	19.37
	2.5×10^{-2}	19.99	16.20	20.09	18.76
	$2.5\times10^{-1.4}$	16.06	16.21	18.53	16.93

表 3-11 不同应变率时镀锌铁丝的延伸率

直径/mm	应变率/s^{-1}	δ_1/%	δ_2/%	δ_3/%	平均值/%
1.6	2.5×10^{-4}	27.96	28.38	29.12	28.49
	2.5×10^{-3}	33.22	29.90	29.88	31.00
	2.5×10^{-2}	29.84	28.68	29.34	29.29
	$2.5\times10^{-1.4}$	27.96	26.66	28.56	27.73
2	2.5×10^{-4}	26.64	26.54	25.17	26.11
	2.5×10^{-3}	29.88	27.96	24.68	27.51
	2.5×10^{-2}	23.46	25.74	23.04	24.08
	$2.5\times10^{-1.4}$	28.92	23.16	25.22	25.77
2.8	2.5×10^{-4}	30.12	29.25	28.13	29.17
	2.5×10^{-3}	29.32	33.22	28.36	30.30
	2.5×10^{-2}	29.32	25.94	32.44	29.23
	$2.5\times10^{-1.4}$	28.08	27.14	29.67	28.30

根据3种不同型号的镀锌铁丝试件试验结果，回归分析得到如下方程，用来表达镀锌铁丝动、静态屈服强度和极限抗拉强度与应变率的关系(图3-10)。

$$\mathrm{DIF_y} = f_{yd}/f_{ys} = 1.0 + 0.0456\lg(\dot{\varepsilon}_w/\dot{\varepsilon}_{w0}) \tag{3-3}$$

$$\mathrm{DIF_u} = f_{ud}/f_{us} = 1.0 + 0.0212\lg(\dot{\varepsilon}_w/\dot{\varepsilon}_{w0}) \tag{3-4}$$

式中，$\dot{\varepsilon}_w$ 为应变率；$\dot{\varepsilon}_{w0}$ 为准静态应变率；f_{ys} 和 f_{yd} 分别为准静态和动态屈服强度；f_{us} 和 f_{ud} 分别为准静态和动态极限抗拉强度。

3.3.3 不同应变率时镀锌铁丝动态拉伸数值模拟

为了进一步验证所提出的镀锌铁丝动态拉伸模型的准确性，将该模型植入前文子程序中，对上述试验进行数值模拟。采用ABAQUS软件建立了 $D=2$ mm的镀锌铁丝有限元模型，加载工况与试验相同，得到镀锌铁丝受拉应力-应变关系曲线与试验结果的对比情况，见图3-11和表3-12。可以看出：不同加载速率时的数值模拟结果与试验结果均吻合较好，所提出的镀锌铁丝动态受拉模型可以应用于模型结构分析中。

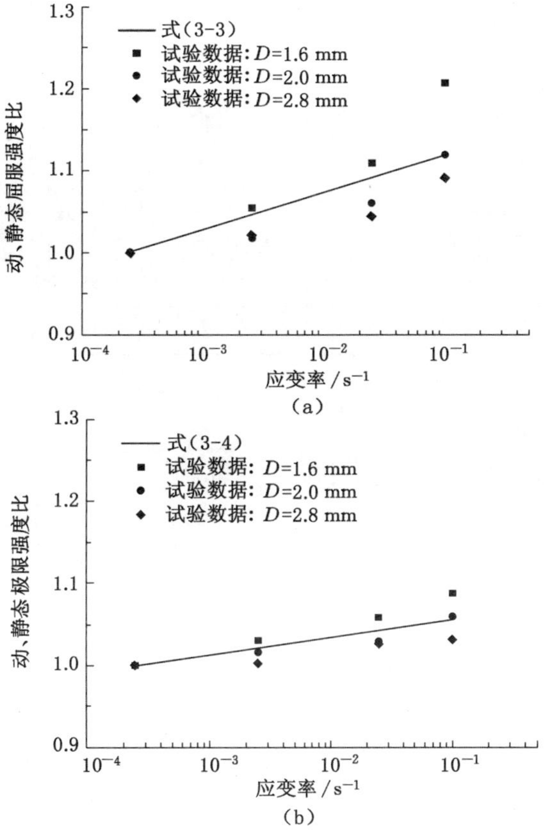

图 3-10　镀锌铁丝动、静态强度比与应变率的关系曲线

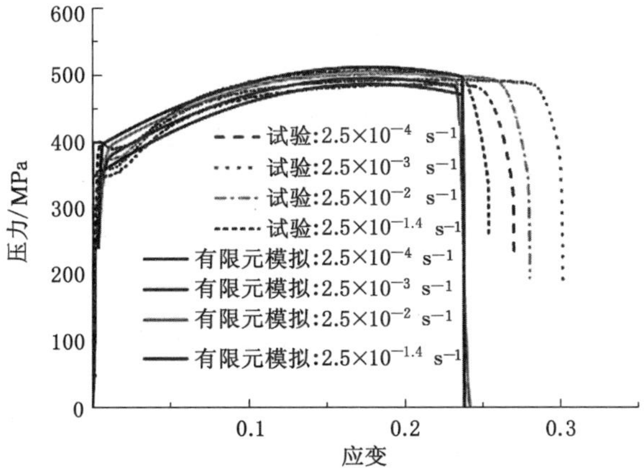

图 3-11　镀锌铁丝受拉应力-应变关系曲线数值模拟与试验结果对比

表 3-12　镀锌铁丝动态强度值与试验结果对比

应变率/s^{-1}	屈服强度			极限抗拉强度		
	试验值/MPa	数值模拟值/MPa	误差/%	试验值/MPa	数值模拟值/MPa	误差/%
2.5×10^{-4}	354.67	353.19	0.42	486.35	486.36	—
2.5×10^{-3}	361.64	364.02	0.65	494.66	496.88	0.45
2.5×10^{-2}	375.78	371.68	1.10	500.58	506.19	1.12
$2.5\times10^{-1.4}$	397.62	397.41	0.05	515.47	512.41	0.60

3.4　钢筋混凝土结构振动台试验

3.4.1　模型设计与制作

3.4.1.1　动力试验模型的相似关系

振动台试验中的模型必须与原型结构相似，满足相似理论的要求[99]。在结构动力模型试验中，模型与原型之间必须满足以下几组相似条件：

(1) 空间条件相似，即模型的几何尺寸和空间位置均保持相似。几何尺寸、面积与体积等相似常数的关系为：

$$\begin{cases} \dfrac{L_{原型}}{L_{模型}} = S_L \\ S_{Area} = S_L^2 \\ S_V = S_L^3 \end{cases} \tag{3-5}$$

结构在荷载作用下会产生应变与位移。线应变、角应变与位移相似常数 S_ε、S_φ 和 S_r 必须满足：

$$S_r = S_\varepsilon S_L = S_\varphi S_L \tag{3-6}$$

线应变与角应变同为无量纲值，所以为使模型与原型保持严格的几何相似，必须满足：

$$S_\varepsilon = S_\varphi = 1 \tag{3-7}$$

(2) 物理条件相似，即模型与原型的物理、力学特性及荷载作用下所引起变形的相似。在弹性范围内，模型的弹性模量、泊松比和阻尼系数等必须满足相似条件的要求。当材料进入塑性阶段时，随着荷载和时间的变化，材料特性及材料的极限强度等都应满足相似条件。为使模型与原型相似，应力、弹性模量、泊松比相似常数 S_σ、S_E、S_μ 必须满足：

$$S_\mu = 1 \tag{3-8}$$

$$S_\sigma = S_E S_\varepsilon \tag{3-9}$$

（3）边界条件相似，即结构表面所受外力、荷载作用顺序、初始条件和约束条件等满足相似理论的要求。模型的约束条件必须与原型相同，否则会影响结构的工作状况。荷载作用顺序对于模型弹塑性的工作范围尤为重要，必须在试验过程中予以正确模拟。边界条件是指初位移或初速度等，可以按照位移或速度的相似关系模拟。运动条件相似，即要求结构的运动状态和产生的条件相似。地震时地面运动规律一般用实测的加速度、速度或位移时程曲线来描述，也可以用经过处理的波形或波谱的形式来描述。这样便可以根据这些实测或是经处理过的地震记录用适当的相似常数来确定模型的基本运动规律。

3.4.1.2　相似定理与量纲分析

（1）相似定理

相似理论主要是由三个相似定理组成，经历了逐步发展直至完善的过程。1686 年，牛顿研究并解决了两个运动物体相似的问题并提出了确定两个力学系统相似的牛顿准则；1782 年，傅立叶提出了两个冷却球体温度场相似的条件。1848 年，伯特兰以力学方程分析为基础，首次确定了相似现象的基本性质，即相似第一定理。1911 年至 1914 年间，俄国人费捷尔曼与美国人白金汉先后推导出了相似第二定理，即 π 定理。相似第一定理和相似第二定理是在假设两个现象相似的前提下推导得出的，并不能判定两个现象相似。1930 年，苏联学者基尔皮契夫和古赫曼提出了相似第三定理，解决了如何判断两个现象相似这一问题。至此，相似理论形成了一个较完整的体系。

① 相似第一定理。

即彼此相似的现象，其同名相似准则的数值相等，说明两个相似现象在数量与空间上的相互关系，确定了两个相似现象的性质。基于牛顿第二定律，对于实际的质量运动物理系统：

$$F_p = m_p a_p \tag{3-10}$$

对于模拟的质量运动物理系统：

$$F_m = m_m a_m \tag{3-11}$$

因为这两个系统运动现象相似，故各个对应物理量成比例：

$$\begin{cases} F_m = S_F F_p \\ m_m = S_m m_p \\ a_m = S_a a_p \end{cases} \tag{3-12}$$

其中，S_F、S_m 和 S_a 分别为两个运动系统中对应的力、质量和加速度的相似常数。

将式(3-12)代入式(3-11)中得：

$$\frac{S_F}{S_m S_a} \cdot F_p = m_p a_p \tag{3-13}$$

在式(3-13)中，只有当

$$\frac{S_F}{S_m S_a} = 1 \tag{3-14}$$

时，才能与式(3-10)一致。式(3-13)中的 $S_F/S_m S_a$ 称为相似指标，式(3-14)即相似现象的判别条件。其表明：若两个物理系统的现象相似，则两者的相似指标为 1，各物理量的相似常数不是都能任意选择，之间的相互关系受式(3-14)约束。

将式(3-12)代入式(3-13)，可写成另一种形式：

$$\frac{F_p}{m_p a_p} = \frac{F_m}{m_m a_m} = \frac{F}{ma} \tag{3-15}$$

式(3-15)是一个无量纲比值，对于所有的力学相似现象，这个比值都是相同的，故称它为相似准数。通常用 π 表示，即

$$\pi = \frac{F}{ma} = 常量 \tag{3-16}$$

相似系统中各个物理量之间通过相似准数 π 相互联系，通过相似准数 π 可将模型试验中得到的结果推广应用到与之相似的原型结构中去。相似常数与相似准数的概念是不同的。相似常数是指在两个相似现象中，两个相对应的物理量始终为常数，但对于在与此两个现象相似的第三个相似现象中，它可具有不同的常数值。相似准数在所有相互相似的现象中是一个不变量，表示相似现象中各物理量之间应保持的关系。

② 相似第二定理。

各现象中的各物理量之间的关系可以转化为各相似准则之间的关系。

某一现象各物理量之间的关系都可以表示为相似准数之间的函数关系，即

$$f(x_1, x_2, x_3, \cdots) = g(\pi_1, \pi_2, \pi_3, \cdots) = 0 \tag{3-17}$$

相似第二定理也称为 π 定理，它是量纲分析的普遍定理，为模型设计提供可靠的理论基础。相似第二定理指出了模型与原型之间的关系，根据对各项独立的 π 项之间存在的直接换算关系，就可以将由模型得到的结果推广到原型中去。

③ 相似第三定理。

如果两个现象的单值条件相似，而且由单值条件量组成的同名相似准则数值相等，则这两个现象相似，是现象相似的充要条件。

相似第一定理和相似第二定理是在以现象相似为前提的情况下确定了相似现象的性质，给出了相似现象的必要条件，但没有给出判定现象彼此相似所需的条件，以及进行模拟试验时各参数间应该保持何种比例关系。相似第三定理对前面两个定理进行补充，明确了只要满足现象单值条件相似和由此导出的相似准数相等这两个条件，则现象必然相似。单值条件相似包括几何相似、边界条件相似和初始条件相似，以及由单值条件中的物理量所组成的相似准数相等。在试验中，要求模型与原型的单值条件全部相似是十分困难的，但是在保证足够的精度下，使部分相似或者近似是完全可以实现的。

根据相似第三定理，当考虑一个新现象时，只要它的单值条件与曾经研究过的现象单值条件相同，并且存在相等的相似准数，就可以肯定现象相似，从而可以将已研究过的现象的研究成果应用到新现象中去。相似第三定理终于使相似原理形成一套完整的理论，同时也成为一种试验模拟的科学方法。

在模型试验中，为了使模型与原型保持相似，必须按相似原理推导出相似的准数方程。模型设计则应在保证这些相似准数方程成立的基础上确定适当的相似常数。最后将试验所得数据整理成准数间的函数关系式来描述所研究的现象。

(2) 量纲分析

量纲分析法是 20 世纪初期由一些物理学家提出的在物理领域建立数学模型的方法一种。即在经验和试验的基础上，利用物理量的量纲，然后根据齐次原则确定物理量之间的关系。例如，米、厘米、毫米等都是单位，

均用于表示长度,它们作为单位都有大小的尺度概念。但作为量纲时它们的性质都是代表长度,彼此之间没有区别,均可用长度量纲[L]表示。小时、分、秒等都可以表示时间,因此它们可以用量纲[T]表示。

在一切自然现象中,各物理量的量纲之间并不是没有关系。在分析一个现象时,可用参与该现象的各物理量之间的关系式来描述,因此各物理量的量纲之间也存在一定的联系。如果选定一组彼此独立的量纲作为基本量纲,而其他物理量的量纲可由基本量纲组成,则这些量纲称为导出量纲。方便起见,人为规定了两个基本量纲系统:质量、长度、时间([M]、[L]、[T])基本量纲系统和力、长度、时间([F]、[L]、[T])基本量纲系统。

(3) 模型相似关系的确定

模型设计是动力模型试验成败的关键,确定模型与原型之间的相似关系对于模型设计来说至关重要。对于钢筋混凝土结构这种由复合材料组成的结构,为了能够更好地反映原型结构的动力性能,得到与原型结构相同的承载能力、变形与破坏模式,其相似关系的建立变得更加严格与困难。影响建筑结构的物理量一般有:结构尺寸 L、结构的水平变位 X、应力 σ、应变 ε、结构材料的弹性模量 E、结构材料的平均密度 ρ、结构的自重 q、结构的振动频率 ω、结构阻尼比 ζ、地震动的振幅 A 和运动的最大频率 ω_g。与各物理量对应的相似常数分别为 S_L、S_X、S_σ、S_ε、S_E、S_ρ、S_q、S_ω、S_ζ、S_A 和 S_{w_g}。采用量纲分析法可以写出系统的量纲矩阵:

	L	X	σ	ε	E	ρ	q	ω	ζ	A	ω_g
[M]	0	0	1	0	1	1	1	0	0	0	0
[L]	1	1	-1	0	-1	-3	-2	0	0	1	0
[T]	0	0	-2	0	-2	0	-2	-1	0	0	-1

选取 L、ω、ρ 为基础物理量,其他物理量均可由这 3 个基础物理量求得,对上述无量纲矩阵进行求解,就可以得到 8 个无量纲的 π 数:

$$\pi_1 = \frac{X}{L}, \pi_2 = \frac{\sigma}{\rho\omega^2 L^2}, \pi_3 = \varepsilon, \pi_4 = \frac{E}{\rho\omega^2 L^2}$$

$$\pi_5 = \frac{q}{\rho\omega^2 L}, \pi_6 = \xi, \pi_7 = \frac{A}{L}, \pi_8 = \frac{\omega_g}{\omega}$$

模型需与原型相似,所以对应的物理量成比例:

$$X_m = S_X X_p, L_m = S_L L_p, \sigma_m = S_\sigma \sigma_p$$

$$\varepsilon_m = S_\varepsilon \varepsilon_p, E_m = S_E E_p, \rho_m = S_\rho \rho_p$$

$$q_m = S_q q_p, \omega_m = S_\omega \omega_p, \xi_m = S_\xi \xi_p$$

$$A_m = S_A A_p, \omega_{gm} = S_{wg} \omega_{gp}$$

因此,模型应满足如下相似条件:

$$\frac{S_X}{S_L} = 1, \frac{S_\sigma}{S_\rho S_\omega^2 S_L^2} = 1$$

$$S_\varepsilon = 1, \frac{S_E}{S_\rho S_\omega^2 S_L^2} = 1$$

$$\frac{S_q}{S_\rho S_\omega^2 S_L} = 1, S_\xi = 1$$

$$\frac{S_A}{S_L} = 1, \frac{S_{\omega g}}{S_\omega} = 1$$

3.4.1.3　1/5 尺寸框-剪结构模型介绍

综合考虑以上因素,得到 1/5 尺寸模型的相似关系,见表 3-13。试验在大连理工大学海岸和近海工程国家重点实验室的地震模拟振动台上进行,模型为 1/5 尺寸的双向双跨三层钢筋混凝土偏心框架-剪力墙结构,如图 3-12(a)所示。模型的几何尺寸及配筋见图 3-12(b)至图 3-12(g)。模型采用分层整体现浇的方式施工,模型中的纵向受力筋采用 3 mm 的镀锌铁丝,0.9 mm的镀锌铁丝作为箍筋,剪力墙和板中的配筋为直径 2 mm、间距 20 mm 的双层镀锌铁丝网,结构采用微粒混凝土进行浇筑,基础底座采用 C30 混凝土浇筑。

表 3-13　模型相似关系

物理量	相似关系	相似比
长度	S_L	0.2
弹性模量	S_E	0.25
应力	$S_\sigma = S_E$	0.25
应变	$S_\varepsilon = S_\sigma / S_E$	1
密度	$S_\rho = S_\sigma / (S_a \cdot S_L)$	1.25
质量	$S_m = S_\rho \cdot S_L^3$	0.01
刚度	$S_K = S_E \cdot S_L$	0.05
时间	$S_T = (S_m / S_K)^{0.5}$	0.447
频率	$1/S_T$	2.237
加速度	S_a	1

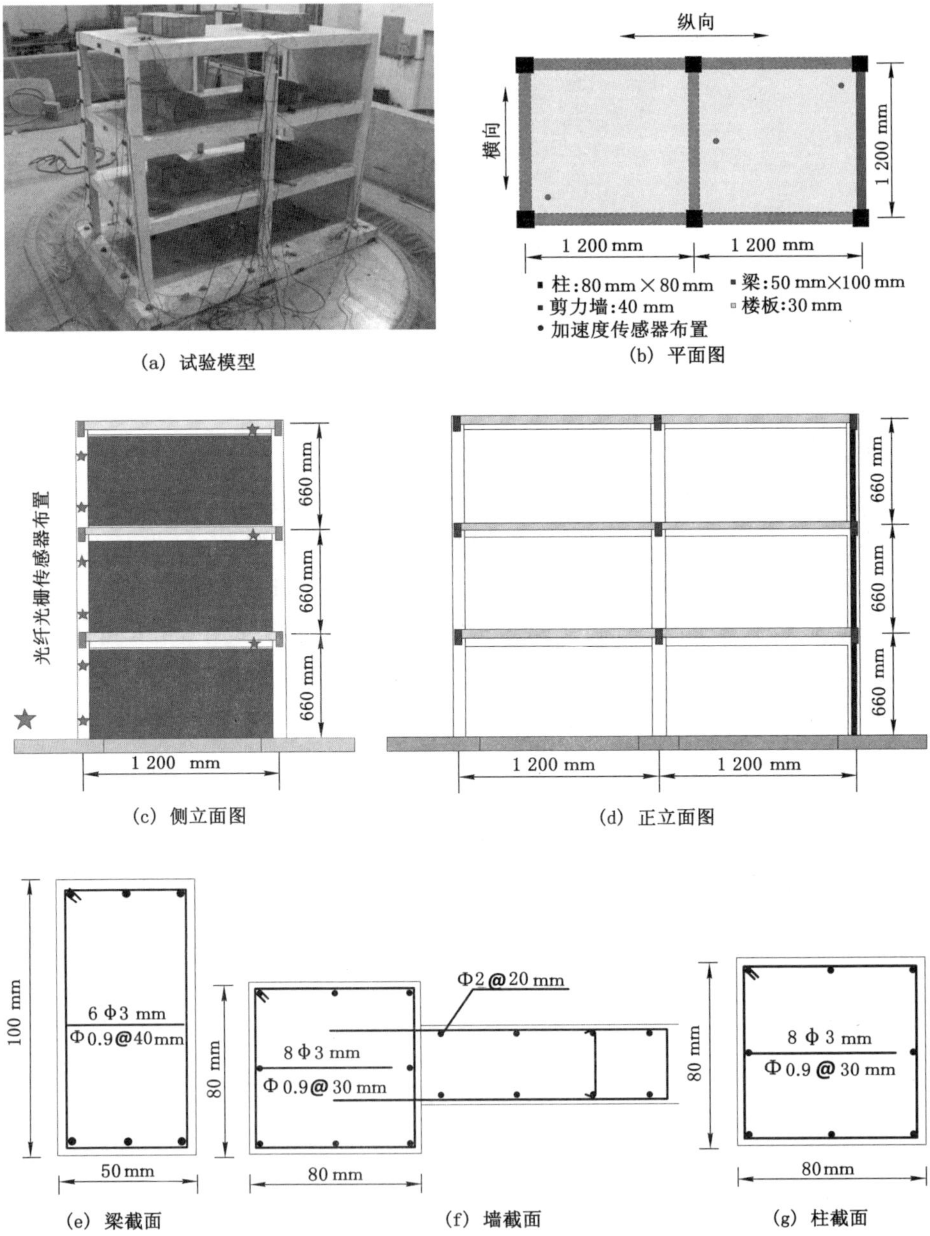

图 3-12　振动台模型尺寸及相关参数

3.4.2　加载、测试及数据采集

振动台试验的激振装置为大连理工大学抗震研究所的大型双向 3 自由度水下、地上两用地震模拟振动台，具体参数见表 3-14。试验模型的加载为水平方向和竖直方向同时进行激振，采用 1940 年 El Centro 波南北分量和竖向分量作为本次试验的地震动输入，最大加速度分别为 341.7 cm/s^2 和 206.3 cm/s^2，如图 3-13 所示。表 3-15 给出了地震动输入工况，表中列出了各次输入时水平方向的加速度峰值，竖直方向的加速度峰值按照与水平方向的实际比例压缩。

表 3-14　地震模拟振动台主要性能参数

地震模拟振动台指标	主要性能参数
振动方向	水平＋竖向＋摇摆
控制模式	数字控制
最大载重/t	10
台面尺寸/m	3×4
最大水平位移/mm	±75
最大水平速度/(cm/s)	±50
最大水平加速度	1.0g
最大竖向位移/mm	±50
最大竖向速度/(cm/s)	±35
最大竖向加速度	0.7g
工作频率/Hz	0.1～50

表 3-15　地震动输入工况

加载工况	PGA	输入方向
WN-1	0.005g/—	水平
EC-1	0.16g/0.04g	水平＋竖向
EC-2	0.24g/0.06g	水平＋竖向
EC-3	0.33g/0.09g	水平＋竖向
EC-4	0.40g/0.11g	水平＋竖向
EC-5	0.50g/0.15g	水平＋竖向

表 3-15(续)

加载工况	PGA	输入方向
EC-6	0.60g/0.24g	水平+竖向
EC-7	0.70g/0.40g	水平+竖向
EC-8	0.86g/0.56g	水平+竖向

注:WN 和 EC 分别为白噪音和 El Centro 波。

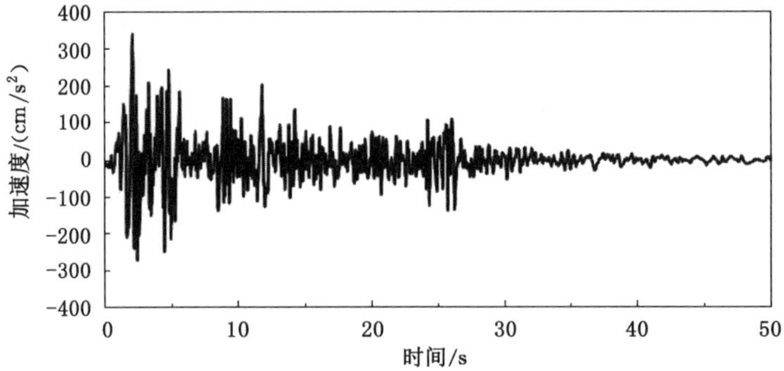

(a) 水平

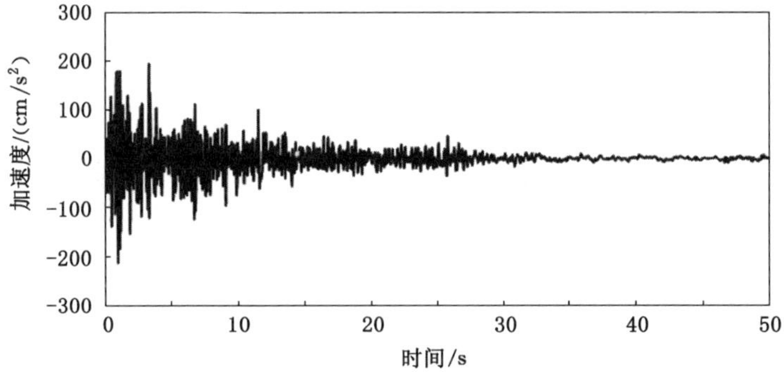

(b) 竖向

图 3-13 El Centro 波

加速度传感器分别布置于各楼层的楼板上,用来测量水平与竖直方向的加速度响应,如图 3-12(b)所示。在模型构件中应变较大处布置了光纤光栅应变传感器,用以测量混凝土的应变,以考察不同工况时混凝土应变率的变化情况。图 3-12(c)给出了光纤传感器的布置位置。

3.4.3　试验结果分析

在试验过程中，结构模型在各个阶段的损伤情况被观测和记录。当 PGA＝0.33g 时，在边梁与边柱之间出现了肉眼可见的细微裂缝，并开始沿着柱边延伸，最大裂缝宽度约为 0.1 mm。随着地震动峰值加速度的增大，裂缝数量逐渐增多且裂缝宽度逐渐增大。当 PGA＝0.5g 时，梁柱节点处的裂缝最大宽度达到 0.5 mm。当 PGA＝0.6g 时，可以观测到节点位置出现了混凝土剥落。当 PGA＝0.86g 时，梁柱节点处的裂缝继续开展，已有裂缝宽度明显增大，部分裂缝宽度达到 1 mm，而且与之前的加载工况相比出现了大面积的混凝土剥落现象，局部混凝土被压碎出现部分钢筋屈曲的现象，如图 3-14 所示。

(a) 节点1　　(b) 节点2　　(c) 节点3

图 3-14　结构模型的局部损伤(PGA＝0.86g)

在每个加载工况之前，0.005g 的白噪音被输入以获得结构模型的动力特性。将采集到的加速度信号进行处理即可得到模型的频率和阻尼比变化情况，如图 3-15 所示，可以看出：在连续的地震动激励下，随着模型损伤程度加剧，频率逐渐减小，阻尼比逐渐增大，模型的动力特性不断发生变化。通过对记录到的楼层加速度进行基线校正和滤波，在时域内对加速度时程积分两次即可得到不同工况时各楼层的位移和转角响应。图 3-16给出了楼层最大位移和转角的包络图，可以看出：随着地震动强度的逐渐增大，模型结构的位移响应明显增大。当 PGA 超过 0.5g 之后，结构模型对抗震需求的提高导致了其损伤明显加剧，使图 3-15 中频率和阻尼比在 PGA＝0.5g 之后出现了较大变化。通过对光纤光栅传感器测得的混凝土应变进行分析即可得到模型中梁和柱中混凝土的应变率变化范围。各加载工况时梁和柱中混凝土最大应变率值列于表 3-16。

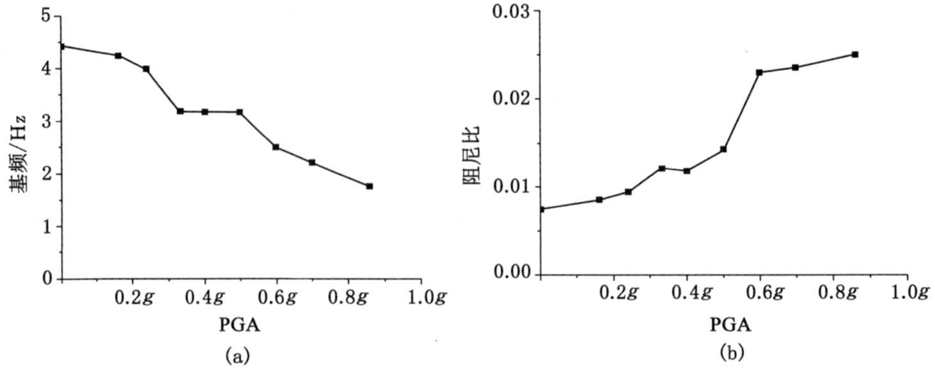

图 3-15　模型的频率及阻尼比变化

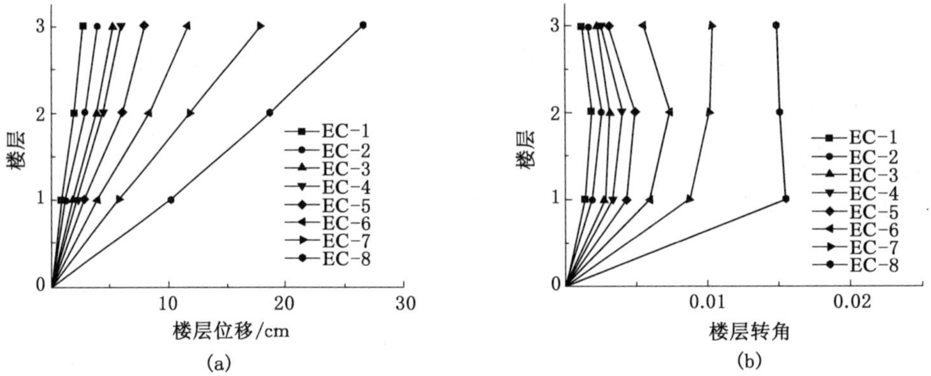

图 3-16　楼层位移和转角反应最大值(水平方向)

表 3-16　不同工况时混凝土应变率最大值

工况	PGA	梁应变率最大值/s^{-1}			柱应变率最大值/s^{-1}		
		1 层	2 层	3 层	1 层	2 层	3 层
EC-1	0.16g	2.0×10^{-3}	3.2×10^{-3}	3.5×10^{-3}	1.7×10^{-2}	6.9×10^{-3}	6.5×10^{-3}
EC-2	0.24g	2.2×10^{-3}	4.6×10^{-3}	4.8×10^{-3}	2.8×10^{-2}	1.1×10^{-2}	1.1×10^{-2}
EC-3	0.33g	2.3×10^{-3}	5.5×10^{-3}	6.5×10^{-3}	3.6×10^{-2}	1.0×10^{-2}	1.6×10^{-2}
EC-4	0.40g	2.8×10^{-3}	6.6×10^{-3}	6.8×10^{-3}	3.0×10^{-2}	1.2×10^{-2}	1.7×10^{-2}
EC-5	0.50g	3.7×10^{-3}	7.4×10^{-2}	6.8×10^{-3}	4.1×10^{-2}	1.2×10^{-2}	2.1×10^{-2}
EC-6	0.60g	6.1×10^{-3}	1.7×10^{-2}	8.2×10^{-3}	5.1×10^{-2}	1.2×10^{-2}	2.6×10^{-2}

表 3-16(续)

工况	PGA	梁应变率最大值/s^{-1}			柱应变率最大值/s^{-1}		
		1 层	2 层	3 层	1 层	2 层	3 层
EC-7	0.70g	9.6×10^{-3}	2.7×10^{-2}	1.0×10^{-2}	5.8×10^{-2}	1.5×10^{-2}	3.5×10^{-2}
EC-8	0.86g	9.0×10^{-3}	2.5×10^{-2}	1.9×10^{-2}	6.8×10^{-2}	1.5×10^{-2}	4.5×10^{-2}

从表 3-16 中可以看出：柱中测得的混凝土最大应变率在 6.5×10^{-3}～6.8×10^{-2} s^{-1}之间，梁中混凝土的应变率在 2.0×10^{-3}～2.5×10^{-2} s^{-1}之间，与已有文献报道的地震作用下混凝土应变率的范围（10^{-3}～10^{-1} s^{-1}）基本一致；柱中混凝土的应变率明显大于梁中混凝土的应变率，且底层柱混凝土的应变率比其他各层略高，而底层梁中混凝土的应变率略低于其他各层。

第4章　应变率效应对结构地震反应的影响

4.1　概述

混凝土结构在遭遇中震和大震时，钢筋和混凝土必然会进入塑性，钢筋和混凝土为率敏感性材料，材料特性均会受到应变率的影响。目前，考虑材料应变率效应对钢筋混凝土结构地震反应影响的相关研究尚不多见。本章基于ABAQUS软件平台采用第2章所提出的钢材混凝土动态纤维梁单元材料子程序模拟了振动台试验中的各种加载工况，考虑了应变率的影响，并对试验模型的倒塌过程进行了预测。同时建立了多层钢筋混凝土柱-钢梁框架结构，研究了应变率对混凝土结构地震响应及倒塌行为的影响。

4.2　振动台试验的数值模拟

4.2.1　有限元模型的建立

第3章中混凝土结构模型振动台的试验结果能够真实反映材料应变率的影响。因此，本章基于振动台试验结果，采用数值模拟方法研究应变率对模型结构地震反应的影响。基于ABAQUS软件平台，建立了模型结构的有限元模型，如图4-1所示。梁、柱构件采用B31梁单元，楼板和剪力墙均采用S4R壳单元，仍采用所提出的材料子程序模拟混凝土和钢筋。由于缩尺模型结构采用微粒混凝土和镀锌铁丝替代了普通混凝土和钢筋，考虑两种材料应变率效应，采用了第3章提出的微粒混凝土和镀锌铁丝动态本构模型。由于结构中的楼板与剪力墙在试验过程中未出现损伤，因此不考虑楼板与剪力墙的材料非线性，近似按线弹性计算，将各层荷载折算后添加于楼板上。

图 4-1　模型结构的有限元模型

4.2.2　模态分析

为保证所建立模型与原试验模型动力特性一致，对模型结构进行模态分析，其前三阶振型如图 4-2 所示。试验中白噪音扫频得到模型基本周期 $T_1=0.235$ s，与数值模拟得到的有限元模型基本周期 $T_1=0.227$ s 之间的误差仅为 3.4%，可见有限元模型与试验模型的动力特性基本一致。

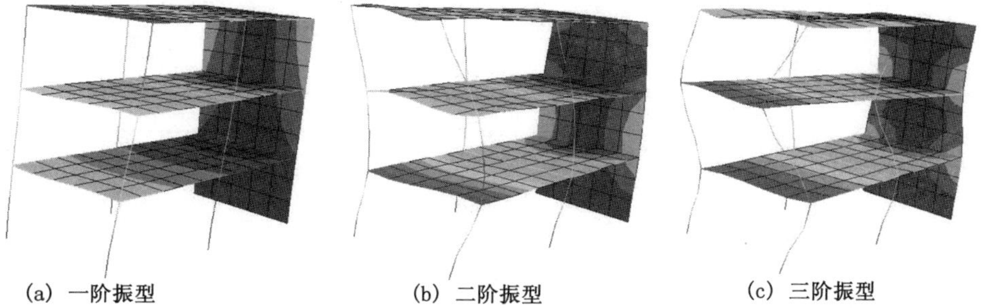

(a) 一阶振型　(b) 二阶振型　(c) 三阶振型

图 4-2　有限元模型的前三阶振型

4.2.3　应变率效应对模型结构地震反应影响的研究

地震动输入采用与振动台试验相同的工况，每个工况分别输入 El Centro 地震动水平与竖向分量，水平分量沿模型短边方向输入。分析得到各工况时地震反应分析结果列于表4-1和4-2。主要工况时顶层位移时程曲线和层间位移角包络线的数值模拟与试验结果的对比,见图4-3和图4-4。通过对模拟结果与试验结果对比可知:模拟曲线与实测曲线的趋势基本一致,各工况时顶层位移与层间位移角最大值与实测结果吻合较好。但是随着PGA的增大,模拟曲线与试验曲线之间的差异有增大的趋势,分析主要原因如下:① 由材料本身与施工质量引起的结构薄弱部位无法在有限元模型中体现;② 计算所采用的材料本构模型存在一定程度的简化,与实际情况存在一定差异;③ 振动台试验的实际加载方式为分级加载,每级加载后模型会有累积损伤,而这一累积损伤在模拟中未考虑。

表4-1 不同工况时结构顶层位移最大值

PGA	试验值/cm	考虑应变率的模拟值/cm	误差/%	不考虑应变率的模拟值/cm	误差/%
0.16g	0.273	0.259	−5.13	0.295	8.06
0.24g	0.402	0.397	−1.24	0.429	6.72
0.33g	0.536	0.552	2.99	0.575	7.28
0.40g	0.596	0.671	2.58	0.683	14.60
0.50g	0.793	0.749	−5.55	0.855	7.82
0.60g	1.158	1.218	5.18	1.319	13.90
0.70g	1.796	2.051	14.20	2.077	15.65
0.86g	2.664	2.840	6.61	2.869	7.70

表4-2 不同工况时结构层间位移角最大值

PGA	试验值/10^{-2}	考虑应变率的模拟值/10^{-2}	误差/%	不考虑应变率的模拟值/10^{-2}	误差/%
0.16g	0.188	0.188	—	0.188	—
0.24g	0.259	0.258	−0.39	0.267	3.09
0.33g	0.314	0.349	11.15	0.362	15.29
0.40g	0.406	0.409	0.74	0.439	8.13
0.50g	0.491	0.503	2.44	0.529	7.74
0.60g	0.738	0.781	5.83	0.812	10.03
0.70g	1.021	1.083	6.07	1.178	15.38
0.86g	1.553	1.601	3.09	1.771	14.04

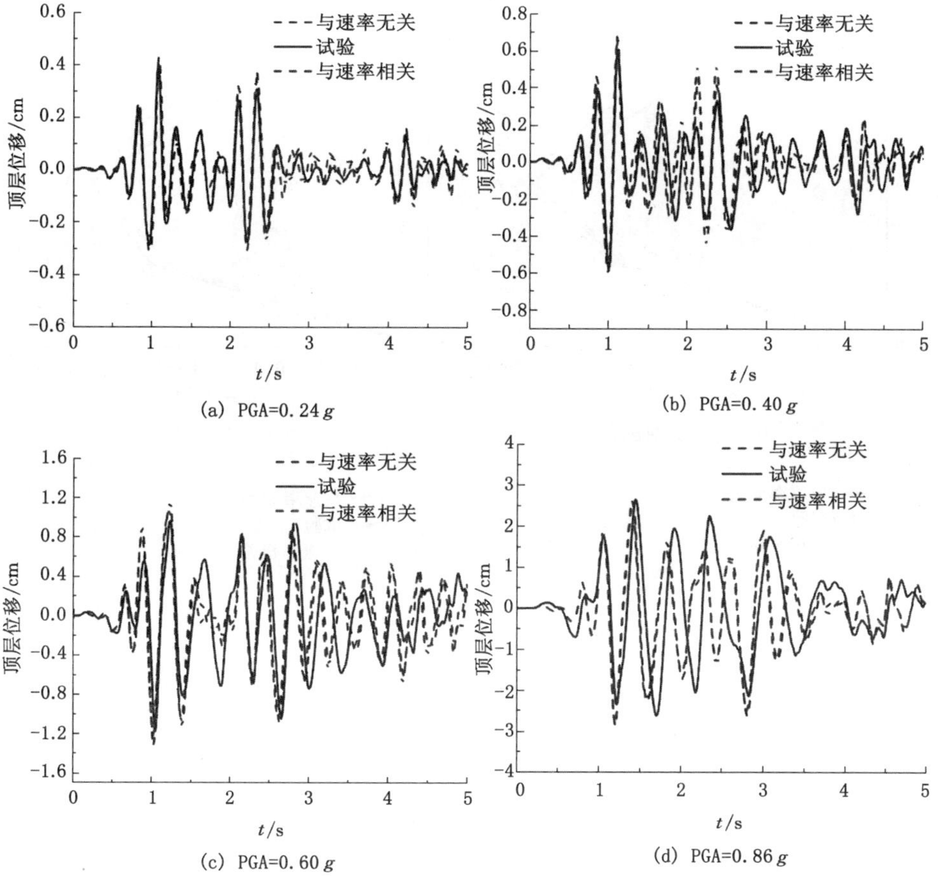

(a) PGA=0.24 g　(b) PGA=0.40 g

(c) PGA=0.60 g　(d) PGA=0.86 g

图 4-3　顶层位移时程曲线数值模拟与试验结果对比

可以看出：当 PGA＝0.24g 时，主要由于该工况时模型基本处于线弹性状态，塑性损伤程度极低，是否考虑应变率对顶层位移和层间位移角的影响不大；当 PGA＝0.4g 时，模型已出现一定程度的塑性损伤，考虑应变率后的分析结果与试验结果更接近。在试验过程中，当 PGA＝0.5g 之后模型的损伤程度加剧，通过试验现象以及对模型频率和阻尼比的分析可知其动力特性发生了很大改变。因此，当 PGA＝0.6g 和 PGA＝0.86g 的数值模拟结果与试验结果的差异开始增大。以 PGA＝0.6g 为例，顶层位移和层间位移角最大值与试验值的误差分别为 13.90％和10.03％，而考虑应变率后误差分别减小了 5.18％和 5.83％。主要是由于结构进入塑性状态

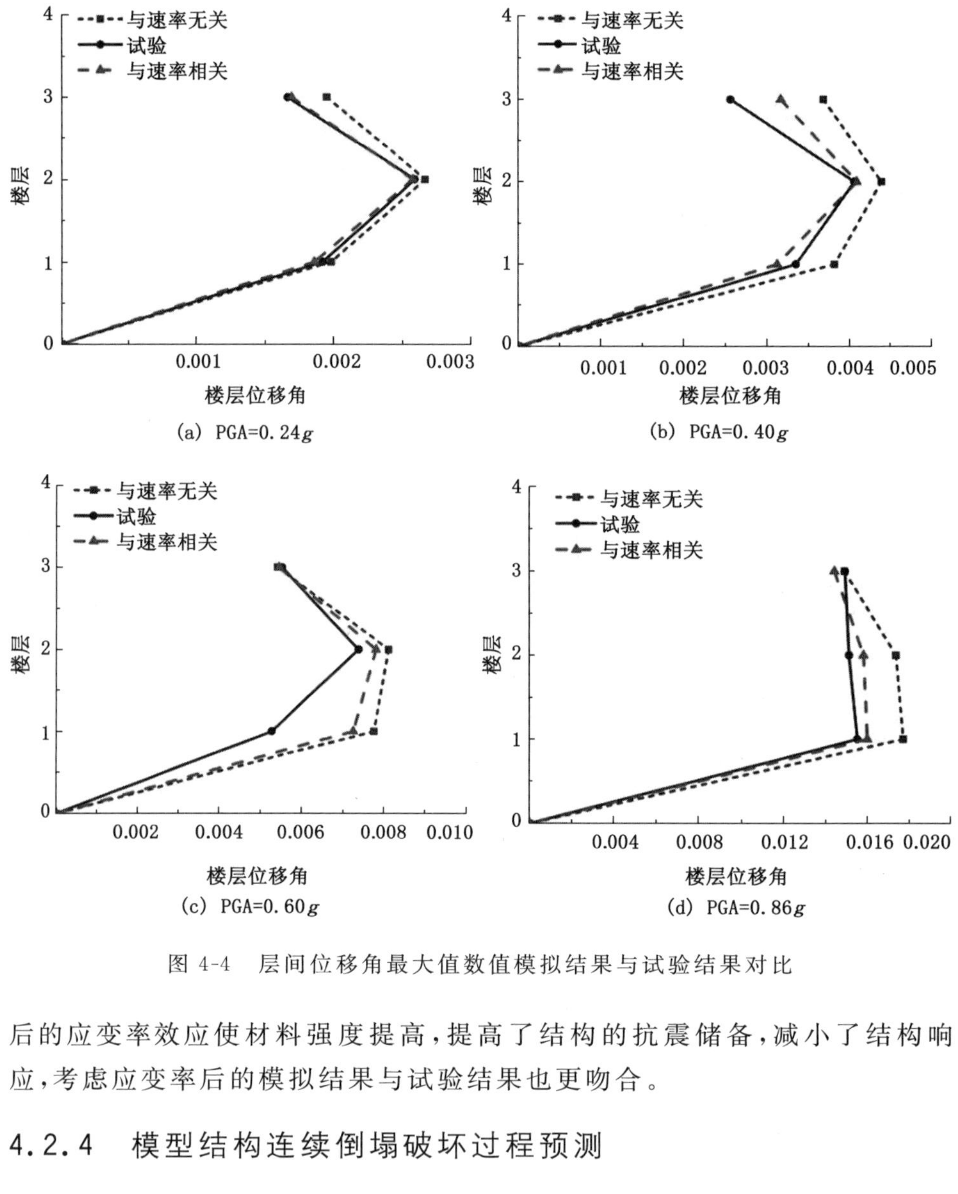

(a) PGA=0.24g　(b) PGA=0.40g　(c) PGA=0.60g　(d) PGA=0.86g

图 4-4　层间位移角最大值数值模拟结果与试验结果对比

后的应变率效应使材料强度提高，提高了结构的抗震储备，减小了结构响应，考虑应变率后的模拟结果与试验结果也更吻合。

4.2.4　模型结构连续倒塌破坏过程预测

由于振动台加载水平的限制，未能将模型结构加载至倒塌，因此本节采用数值模拟的方法来预测该模型结构的连续倒塌破坏模式，以验证所开发程序用于地震作用下钢筋混凝土结构倒塌分析的可行性。通过在子程序中设置单元失效对结构的倒塌过程进行模拟，模拟得到的结构模型倒塌破坏过程如图 4-5 所示。

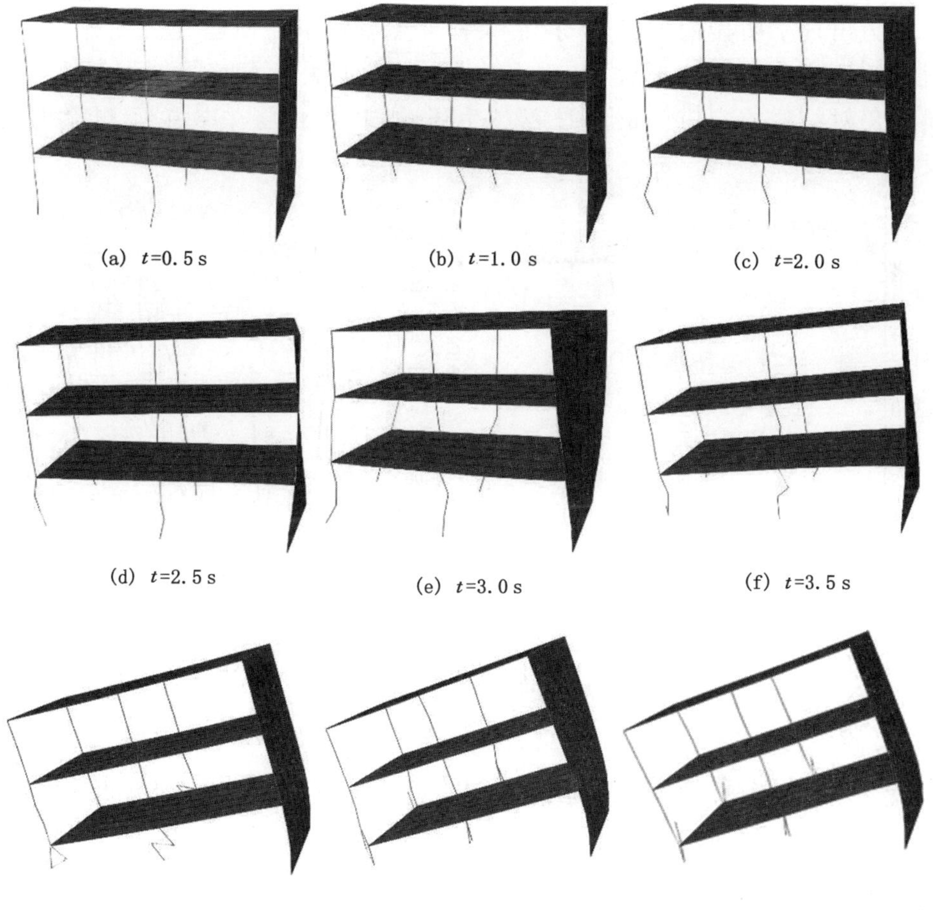

(a) t=0.5 s　(b) t=1.0 s　(c) t=2.0 s

(d) t=2.5 s　(e) t=3.0 s　(f) t=3.5 s

(g) t=4.0 s　(h) t=4.5 s　(i) t=5.0 s

图 4-5　模型结构倒塌过程

可以看出：由于模型结构的质量和刚度分布不均匀，在地震作用下模型产生了扭转，剪力墙一侧刚度较大，另一侧的梁-柱框架刚度较小，这一侧的底层边柱和中柱首先破坏，致使竖向传力路径发生改变，模型结构向没有墙体的一侧倾斜。随着 PGA 的增大，边柱和中柱相继失效，柱的失效最终导致剪力墙在梁和楼板的牵引作用下产生过大变形，最终引发模型结构向刚度小的一侧坍塌。整个过程与理论上模型结构可能出现的倒塌破坏状态一致。图 4-6 给出了结构某底层边柱的应力-应变关系曲线。

可以看出：由于考虑了加载过程中应变率的实时变化，计算得到的材料应力-应变关系曲线与理论模型吻合。同时可以看到金属材料的骨架曲线处应力出现了明显的上下波动，很大程度上影响了滞回路径。此外，当材料到达所设定的失效点后，其应力值趋于零，但失效单元并未被删除，其质量仍对结构的响应和倒塌过程产生影响，比直接将失效单元删除更能反映实际情况。

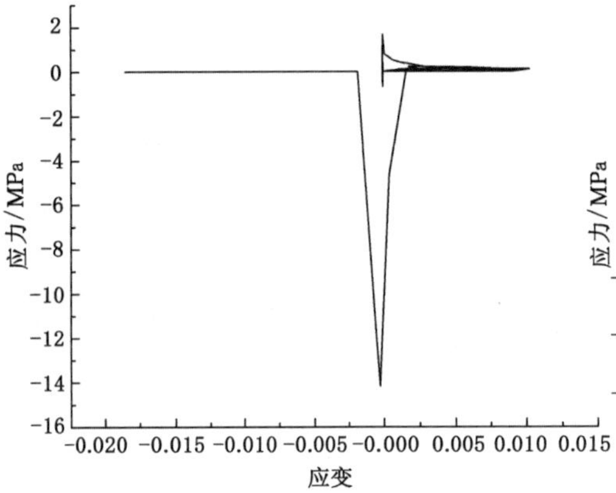

(a) 微粒混凝土

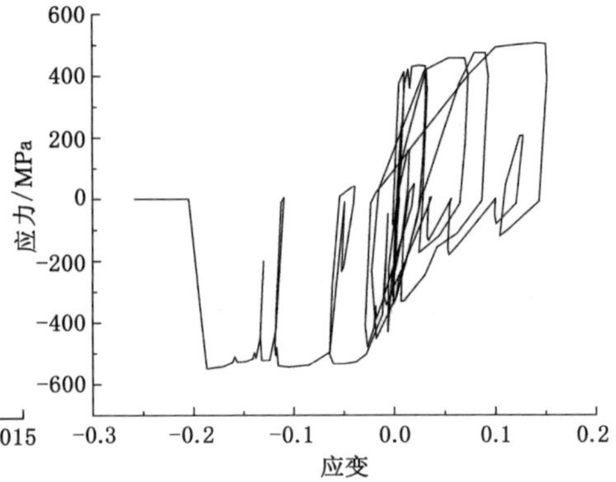

(b) 镀锌铁丝

图 4-6　某工况时底层柱的材料应力-应变关系曲线

4.3　应变率效应对结构非线性地震灾变过程影响的研究

4.3.1　模型介绍

下面以一个 5 层框架结构为研究对象，采用盈建科结构设计软件进行设计：二类场地，抗震设防烈度为 7 度，设计基本地震加速度值为 0.15g，结构阻尼比取 0.05，楼面与屋面恒载均取 5.0 kN/m^2，活载均取 2.0 kN/m^2，并给出截面尺寸及配筋。基于 ABAQUS 软件平台建立了结构的三维有限元模型，如图 4-7 所示。结构的尺寸及配筋详细参数如图 4-8 所示，结构模型层高为 3.6 m，建筑总高度为 18 m，总质量为 1 733 t。钢梁采用 Q235 工字钢；框架柱采用钢筋混凝土柱，截面尺寸 $b\times h=500$ mm$\times$500 mm，混凝土强度等级为 C30，纵筋采用 HRB400，箍筋采用 HPB300。梁、柱均采用 B31 梁单元，采用所开发的动态纤维梁单元材料子程序模拟，柱中混凝土采用箍筋约束混凝土模

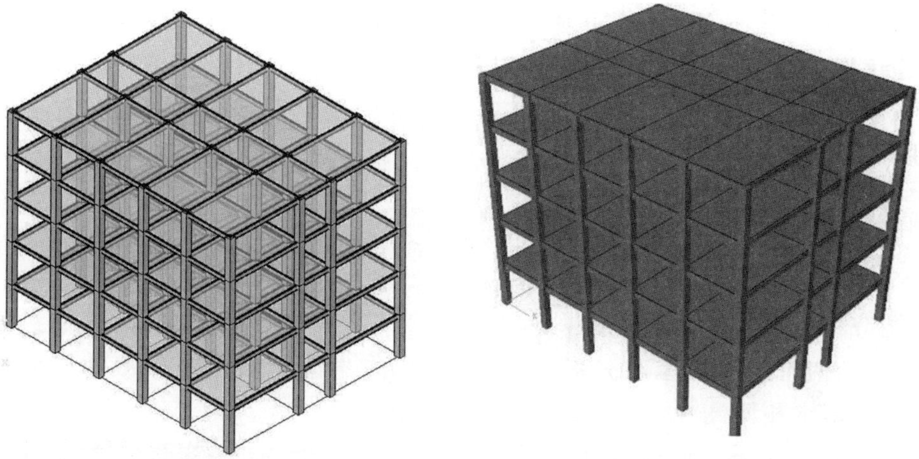

（a）盈建科结构设计软件模型　　（b）ABAQUS模型

图 4-7　钢筋混凝土柱-钢梁框架结构有限元模型

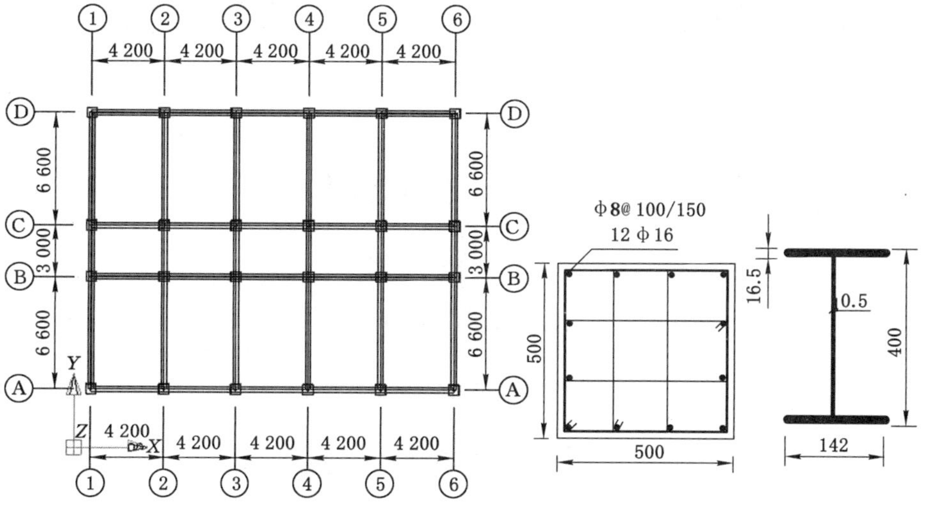

（a）结构平面图　　（b）底柱配筋图　　（c）工字梁尺寸

图 4-8　结构尺寸及配筋图(单位:mm)

型，钢梁采用 Légeron 加卸载模型，柱中钢筋采用 Clough 加卸载模型。楼板采用 S4R 单元，楼板厚度为 100 mm，不考虑楼板材料非线性。通过 * Rebar Layer 和 * Elcopy 命令分别对楼板和柱进行配筋，柱中钢筋等效为箱形截面，并采用接触单元对结构进行了接触设置以考虑结构倒塌过程中的相互碰撞。

4.3.2 模态分析

分别采用盈建科结构设计软件和 ABAQUS 软件对结构进行模态分析，模态分析结果如图 4-9 所示。并将模拟结果进行了对比分析，见表 4-3，可以看出：两个模型的模态分析结果吻合较好，有限元模型与原型结构的动力特性基本相同。

(a) T_1=1.036 s

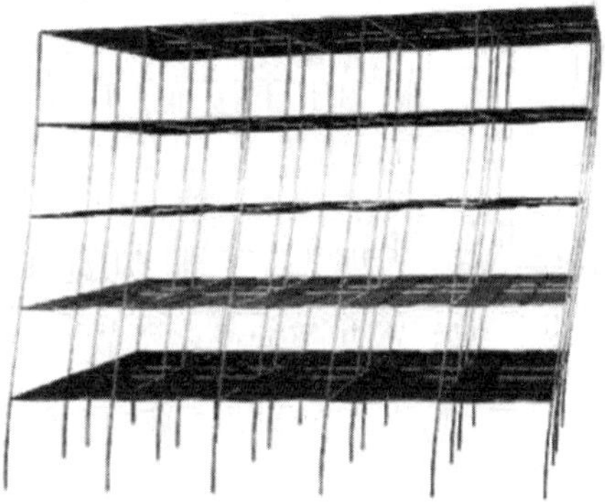

(b) T_2=0.950 s

(c) T_3=0.835 s

图 4-9 前 3 阶振型

表 4-3　模型自振周期对比　　单位：s

分析软件	T_1	T_2	T_3	T_4	T_5
盈建科结构设计软件	1.036	0.941	0.880	0.305	0.283
ABAQUS 软件	1.036	0.950	0.835	0.305	0.285

4.3.3　地震动输入

选取了 3 组典型地震动，分别为 El Centro 地震动、Taft 地震动和 Cape-mend 地震动，对结构进行动力时程分析，由于篇幅所限，下面对 El Centro 地震动的加速度时程曲线和各地震动的反应谱进行对比，如图 4-10 所示。每种地震动均为三向输入，其中竖向分量沿模型的 Z 轴方向输入，X 轴方

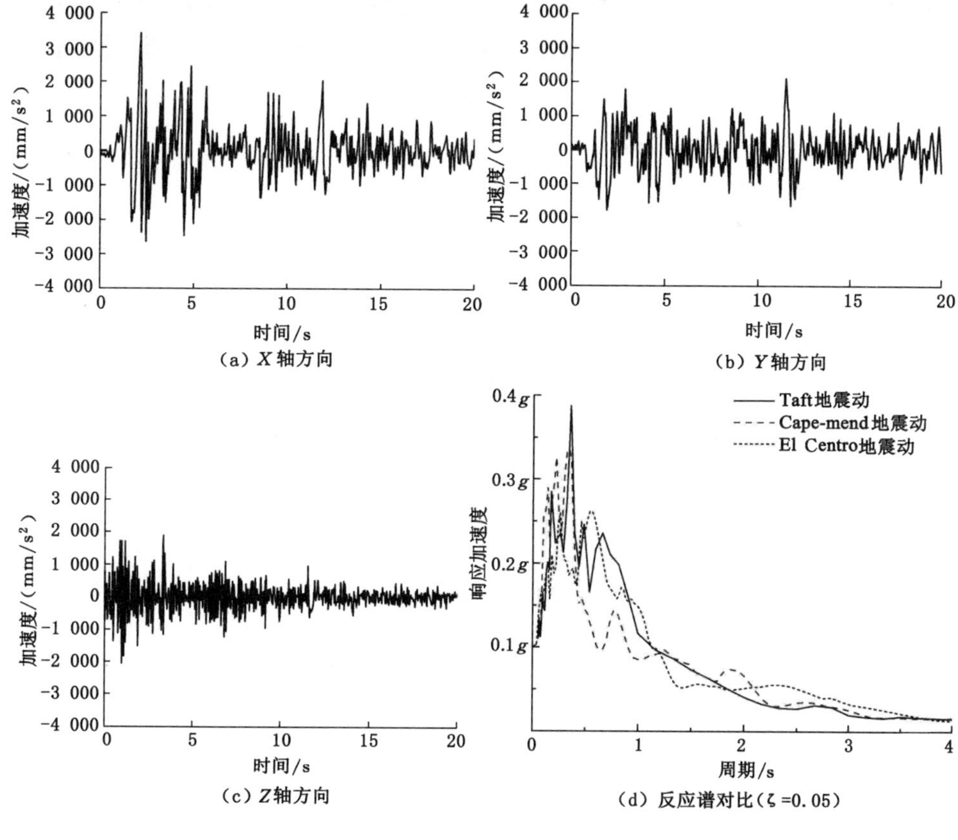

图 4-10　El Centro 地震动加速度时程曲线和反应谱对比

向为峰值加速度较大的水平分量输入方向，X、Y、Z 轴方向输入的加速度最大值比值为 1 ∶ 0.85 ∶ 0.65，3 种地震动的最大峰值加速度均调幅至 0.15g，然后逐级增大 PGA，每级提高0.05g，直至结构发生连续倒塌破坏。

4.3.4 结果分析

4.3.4.1 应变率效应对结构基底剪力的影响

结构在各地震峰值加速度作用下的基底剪力见表 4-4，可以看出：随着地震峰值加速度的逐渐增大，结构的基底剪力最大值呈增大趋势。由表中数据可以看出：在不同峰值加速度地震荷载作用下，考虑材料的应变率效应后，结构的基底剪力最大值呈增大趋势。当地震峰值加速度较小时，应变率效应对结构基底剪力最大值的影响不明显，随着峰值加速度的增大，材料的应变率效应对结构基底剪力最大值的影响有增大的趋势，增长范围为 0%～12%。这主要是由于考虑材料的应变率效应后，材料进入非线性后结构的强度储备提升，从而使基底剪力增大。图 4-11 给出了 El Centro (PGA＝0.45g)时的基底剪力时程曲线，可明显看出考虑应变率效应影响后结构基底剪力增大。

表 4-4 应变率效应对结构基底剪力最大值的影响

地震动类型	PGA	X 轴方向基底剪力最大值/kN		相对变化率	Y 轴方向基底剪力最大值/kN		相对变化率
		未考虑应变率效应	考虑应变率效应		未考虑应变率效应	考虑应变率效应	
El Centro	0.15g	3 403.19	3 488.30	2.50%	3 406.88	3 537.36	3.83%
	0.20g	3 902.81	3 957.20	1.39%	3 641.44	3 967.21	8.95%
	0.25g	4 081.40	4 157.77	1.87%	4 835.40	5 145.88	6.42%
	0.30g	4 236.81	4 370.31	3.15%	4 964.16	5 096.57	2.67%
	0.35g	4 215.86	4 388.09	4.09%	4 897.52	4 939.62	0.86%
	0.40g	4 049.08	4 270.82	5.48%	4 731.80	4 907.55	3.71%
	0.45g	4 169.66	4 357.92	4.51%	4 791.85	5 101.07	6.45%
	0.50g	4 791.85	4 400.06	−4.68%	4 838.51	5 198.11	7.43%
	0.55g	(倒塌)	4 816.28	—	(倒塌)	5 302.27	—
	0.60g	(倒塌)	4 512.04	—	(倒塌)	5 297.30	—
	0.65g	(倒塌)	(倒塌)	—	(倒塌)	(倒塌)	—

表 4-4(续)

地震动类型	PGA	X 轴方向基底剪力最大值/kN		相对变化率	Y 轴方向基底剪力最大值/kN		相对变化率
		未考虑应变率效应	考虑应变率效应		未考虑应变率效应	考虑应变率效应	
Taft	0.15g	3 596.88	3 461.11	−3.77%	3 044.66	3 057.18	0.41%
	0.20g	4 110.71	4 187.96	1.88%	3 234.29	2 738.34	−15.33%
	0.25g	4 356.45	4 387.30	0.71%	4 210.39	4 256.25	1.09%
	0.30g	4 311.94	4 653.53	7.92%	4 234.68	4 683.76	10.60%
	0.35g	4 538.00	4 594.65	1.25%	4 456.66	4 359.82	−2.17%
	0.40g	4 625.93	4 746.92	2.62%	4 060.37	4 487.49	10.52%
	0.45g	4 531.18	4 850.28	7.04%	4 215.45	4 313.12	2.32%
	0.50g	4 315.72	4 644.03	7.61%	4 432.23	4 823.15	8.82%
	0.55g	4 332.49	4 728.21	9.13%	4 643.22	5 190.03	11.78%
	0.60g	4 362.44	4 697.29	7.68%	5 004.20	5 050.80	0.93%
	0.65g	(倒塌)	4 685.06	—	(倒塌)	5 336.49	—
	0.70g	(倒塌)	4 747.14	—	(倒塌)	5 331.72	—
	0.75g	(倒塌)	(倒塌)	—	(倒塌)	(倒塌)	—
Capemend	0.15g	2 941.12	2 949.43	0.28%	3 107.04	2 758.78	−11.21%
	0.20g	3 590.10	3 770.90	5.04%	3 448.99	3 691.45	7.03%
	0.25g	4 342.13	4 831.31	11.27%	3 729.77	3 776.07	1.24%
	0.30g	4 358.87	4 747.90	8.93%	4 464.60	4 797.06	7.45%
	0.35g	4 294.69	4 482.78	4.38%	4 619.01	4 560.55	−1.27%
	0.40g	4 949.82	4 650.64	−6.40%	4 848.88	4 994.26	3.00%
	0.45g	5 236.51	5 332.24	1.83%	5 071.78	5 202.91	2.58%
	0.50g	(倒塌)	5 548.88	—	(倒塌)	5 424.30	—
	0.55g	(倒塌)	(倒塌)	—	(倒塌)	(倒塌)	—

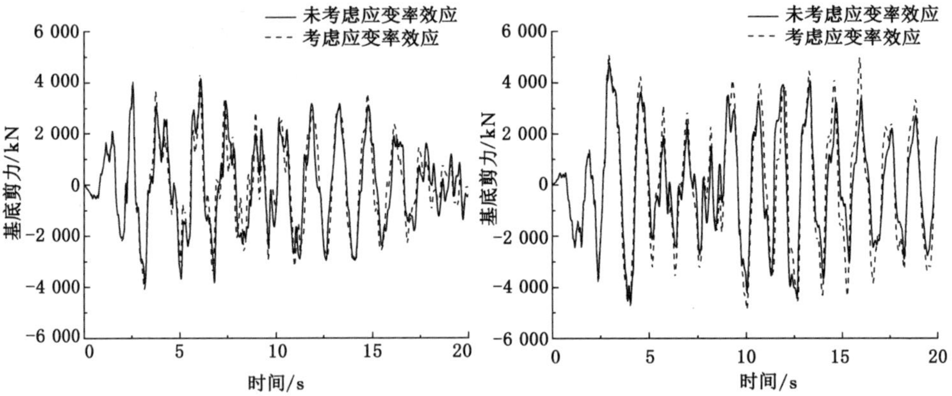

(a) *X*轴方向　　(b) *Y*轴方向

图 4-11　结构基底剪力时程曲线对比(El Centro,PGA=0.45g)

4.3.4.2　应变率效应对结构顶层位移的影响

各级加载工况时的结构顶层位移最大值见表 4-5,可以看出:随着地震 PGA 逐级增大,结构的顶层位移最大值有明显增大趋势,Taft 地震动作用下结构的位移响应更剧烈。在不同 PGA 地震荷载作用下,考虑应变率效应的影响后,结构顶层位移最大值总体呈增大趋势,也有少数工况时顶层位移最大值减小。因此,应变率效应对结构顶层位移最大值的影响并不明显,但是从图 4-12所示时程曲线可以明显看出顶层位移在考虑应变率的影响后整体呈减小的趋势。

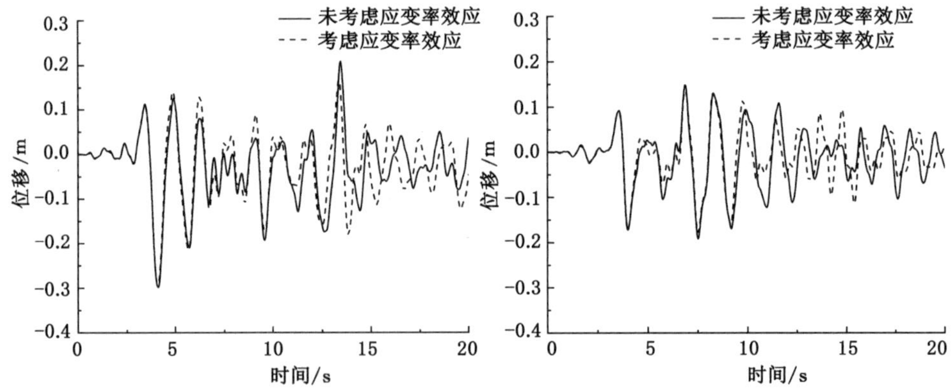

(a) *X*轴方向　　(b) *Y*轴方向

图 4-12　结构顶层位移时程曲线对比(Taft,PGA=0.60g)

表 4-5　应变率对结构顶层位移最大值的影响

地震动类型	PGA	X 轴方向位移最大值/m		相对变化率	Y 轴方向位移最大值/m		相对变化率
		未考虑应变率效应	考虑应变率效应		未考虑应变率效应	考虑应变率效应	
El Centro	0.15g	0.118	0.123	4.24%	0.098	0.092	−6.12%
	0.20g	0.123	0.132	7.32%	0.098	0.095	−3.06%
	0.25g	0.133	0.140	5.26%	0.221	0.187	−15.38%
	0.30g	0.136	0.136	0	0.223	0.226	1.36%
	0.35g	0.156	0.156	0	0.228	0.186	−18.42%
	0.40g	0.174	0.174	0	0.233	0.203	−12.88%
	0.45g	0.189	0.188	−0.53%	0.234	0.199	−14.96%
	0.50g	0.234	0.206	−11.97%	0.225	0.235	4.44%
	0.55g	(倒塌)	0.249	—	(倒塌)	0.266	—
	0.60g	(倒塌)	0.345	—	(倒塌)	0.362	—
	0.65g	(倒塌)	(倒塌)	—	(倒塌)	(倒塌)	—
Taft	0.15g	0.104	0.090	−13.50%	0.052	0.058	11.54%
	0.20g	0.138	0.141	2.17%	0.074	0.061	−17.57%
	0.25g	0.155	0.151	−2.58%	0.098	0.098	0
	0.30g	0.180	0.181	0.56%	0.122	0.121	−0.82%
	0.35g	0.182	0.183	0.55%	0.134	0.139	3.73%
	0.40g	0.201	0.197	−1.99%	0.142	0.145	2.11%
	0.45g	0.232	0.227	−2.16%	0.144	0.149	3.47%
	0.50g	0.264	0.258	−2.27%	0.158	0.159	0.63%
	0.55g	0.299	0.291	−2.68%	0.191	0.179	−6.28%
	0.60g	0.334	0.325	−2.69%	0.199	0.204	2.51%
	0.65g	(倒塌)	0.361	—	(倒塌)	0.255	—
	0.70g	(倒塌)	0.392	—	(倒塌)	0.256	—
	0.75g	(倒塌)	(倒塌)	—	(倒塌)	(倒塌)	—

表 4-5(续)

地震动类型	PGA	X 轴方向位移最大值/m		相对变化率	Y 轴方向位移最大值/m		相对变化率
		未考虑应变率效应	考虑应变率效应		未考虑应变率效应	考虑应变率效应	
Capemend	0.15g	0.066	0.073	10.61%	0.065	0.063	−3.08%
	0.20g	0.127	0.116	−8.66%	0.111	0.1	−9.91%
	0.25g	0.17	0.163	−4.12%	0.127	0.125	−1.57%
	0.30g	0.179	0.166	−7.26%	0.162	0.166	2.47%
	0.35g	0.204	0.2	−1.96%	0.177	0.172	−2.82%
	0.40g	0.215	0.207	−3.72%	0.191	0.189	−1.05%
	0.45g	0.248	0.241	−2.82%	0.193	0.155	−19.69%
	0.50g	(倒塌)	0.248	—	(倒塌)	0.195	—
	0.55g	(倒塌)	(倒塌)	—	(倒塌)	(倒塌)	—

表 4-6 应变率效应对结构层间位移最大值的影响

地震动类型	PGA	X 轴方向位移最大值/m		相对变化率	Y 轴方向位移最大值/m		相对变化率
		未考虑应变率效应	考虑应变率效应		未考虑应变率效应	考虑应变率效应	
El Centro	0.15g	0.034 3	0.034 6	0.87%	0.028 5	0.027 4	−3.86%
	0.20g	0.035 8	0.037 0	3.35%	0.026 5	0.026 5	0%
	0.25g	0.037 8	0.040 5	7.14%	0.068 9	0.063 0	−8.56%
	0.30g	0.044 3	0.038 0	−14.22%	0.065 9	0.065 4	−0.76%
	0.35g	0.052 4	0.050 6	−3.44%	0.068 2	0.053 4	−21.70%
	0.40g	0.059 0	0.056 7	−3.90%	0.072 2	0.061 5	−14.82%
	0.45g	0.064 4	0.061 3	−4.81%	0.064 0	0.059 6	−6.88%
	0.50g	0.080	0.067 0	−16.25%	0.104 2	0.070 9	−31.96%
	0.55g	(倒塌)	0.077 4	—	(倒塌)	0.118 4	—
	0.60g	(倒塌)	0.115 1	—	(倒塌)	0.223 0	—
	0.65g	(倒塌)	(倒塌)	—	(倒塌)	(倒塌)	—

表 4-6(续)

地震动类型	PGA	X 轴方向位移最大值/m		相对变化率	Y 轴方向位移最大值/m		相对变化率
		未考虑应变率效率	考虑应变率效率		未考虑应变率效率	考虑应变率效率	
Taft	0.15g	0.031 3	0.026 5	−15.34%	0.015 8	0.015 7	−0.63%
	0.20g	0.035 2	0.033 5	−4.83%	0.020 6	0.019 3	−6.31%
	0.25g	0.037 9	0.037 2	−1.85%	0.026 5	0.022 9	−13.58%
	0.30g	0.058 9	0.057 7	−2.04%	0.031 1	0.030 7	−1.29%
	0.35g	0.056 5	0.055 2	−2.30%	0.034 9	0.034 6	−0.86%
	0.40g	0.057 7	0.058 0	0.52%	0.035 2	0.038 1	8.24%
	0.45g	0.068 8	0.065 8	−4.36%	0.036 9	0.040 5	9.76%
	0.50g	0.080 7	0.077 2	−4.34%	0.041 0	0.042 2	2.93%
	0.55g	0.091 7	0.089 0	−2.94%	0.061 1	0.046 5	−23.90%
	0.60g	0.102 8	0.100 5	−2.24%	0.121 5	0.068 5	−43.62%
	0.65g	(倒塌)	0.111 9	—	(倒塌)	0.108 8	—
	0.70g	(倒塌)	0.122 2	—	(倒塌)	0.131 0	—
	0.75g	(倒塌)	(倒塌)	—	(倒塌)	(倒塌)	—
Capemend	0.15g	0.019 9	0.020 6	3.52%	0.020 6	0.019 0	−7.77%
	0.20g	0.039 3	0.034 3	−12.72%	0.032 1	0.028 1	−12.46%
	0.25g	0.054 2	0.050 8	−6.27%	0.036 6	0.035 8	−2.19%
	0.30g	0.053 9	0.051 6	−4.27%	0.048 6	0.047 7	−1.85%
	0.35g	0.063 1	0.062 2	−1.43%	0.052 0	0.053 0	1.92%
	0.40g	0.062 1	0.057 0	−8.21%	0.055 3	0.053 6	−3.07%
	0.45g	0.072 3	0.066 6	−7.88%	0.062 4	0.044 8	−28.21%
	0.50g	(倒塌)	0.094 1	—	(倒塌)	0.077 0	—
	0.55g	(倒塌)	(倒塌)	—	(倒塌)	(倒塌)	—

4.3.4.3 应变率效应对结构层间位移的影响

各级加载工况时的结构层间位移最大值主要出现在结构底层或2层，见表4-6，可以看出：随着地震PGA逐级增大，结构的层间位移最大值有明显增大趋势。从不同PGA地震荷载作用下，考虑应变率影响时，结构层间位移最大值总体呈增大趋势，从结构接近倒塌前的各工况可以看出应变率效应最为明显。考虑应变率效应时，El Centro地震动（PGA＝0.50g）作用下，X轴方向和Y轴方向层间位移最大值分别减小16.25％和31.96％；Taft地震动（PGA＝0.60g）作用下，X轴方向和Y轴方向层间位移最大值分别减小2.24％和43.62％；Capemend地震动（PGA＝0.45g）作用下，X轴方向和Y轴方向层间位移最大值分别减小7.88％和28.21％。从图4-13的层间位移时程曲线可以明显看出考虑应变率效应的影响时层间位移有明显减小趋势。

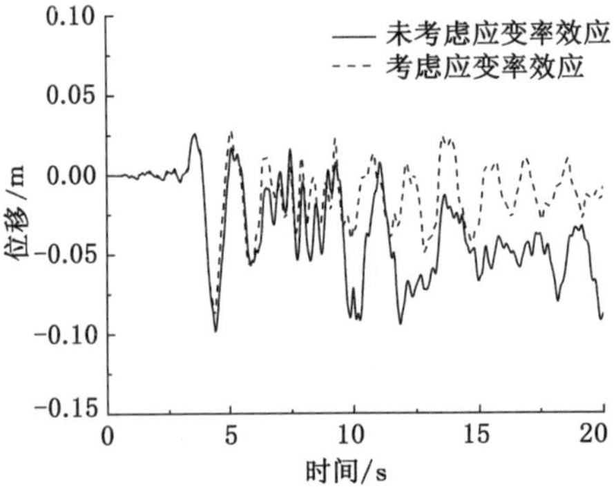

(a) X轴方向

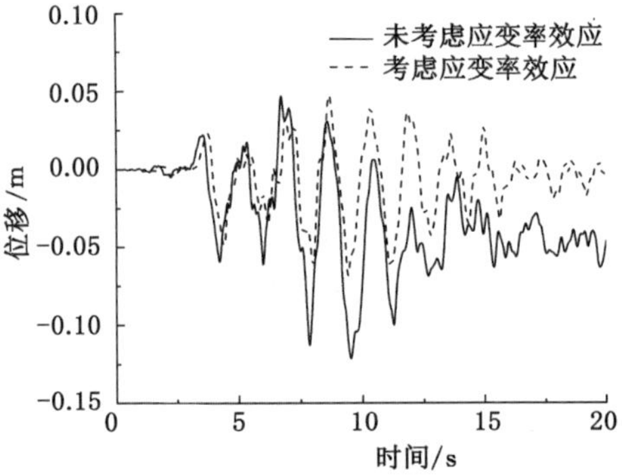

(b) Y轴方向

图4-13 结构底层层间位移时程曲线对比（Taft，PGA＝0.60g）

4.3.4.4 应变率效应对钢筋混凝土框架结构倒塌破坏过程影响

前文已经介绍了所开发的程序中通过定义材料的破坏准则来考虑材料的失效，本章采用IDA方法，对结构在3种不同地震动输入下的连续倒塌破坏过程进行了分析。由表4-7可知：考虑材料的应变率效应后，使结构发生连续倒塌破坏时的PGA增大。对于El Centro波，结构发生倒塌时所需地震峰值加速度从0.55g提高至0.65g。对于Taft波，结构发生连续倒塌破坏所需地震峰值加速度从0.65g提高至0.75g。对于Capemend波，结构发生连续倒塌破坏所需地震峰值加速度从0.50g提高至0.55g。可以看出：考虑材料应变率效应时，结构的抗倒塌能力得到了一定程度提升。其主要原因是：应变率效应使材料强度提升，使得结构承载力与耗能能力增强，提高了结构抗力；同时内力重分布机制有所改变，对材料强度的利用也更充分。

表 4-7　结构发生倒塌时的 PGA 值

地震动类型	未考虑应变率效应	考虑应变率效应
El Centro	$0.55g$	$0.65g$
Taft	$0.65g$	$0.75g$
Capemend	$0.50g$	$0.55g$

下面给出了 El Centro 地震动输入下结构的倒塌过程。未考虑应变率效应时，对于 El Centro 地震动，当主方向峰值加速度调幅至 $0.55g$ 时，结构发生连续性倒塌，倒塌过程如图 4-14 所示。从 $t=1.18$ s 开始，底层部分构件发生屈服；$t=9.92$ s 时，底层柱由于损伤较大，出现了明显的侧向变形，开始出现向一侧倾斜的趋势；$t=10.10$ s 时，底层柱丧失承载能力发生侧向倒塌，一层楼板与地面发生接触，二层柱也开始出现明显的侧向变形；$t=$

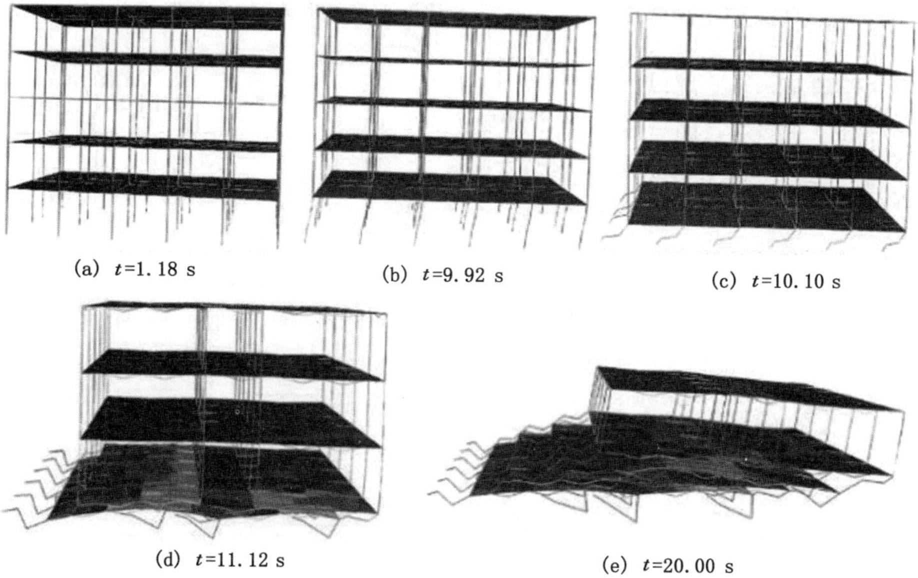

(a) t=1.18 s　(b) t=9.92 s　(c) t=10.10 s　(d) t=11.12 s　(e) t=20.00 s

图 4-14　未考虑应变率效应时结构的倒塌过程（El Centro，PGA＝$0.55g$）

11.12 s时，第二层柱失效，二层楼板与一层楼板发生碰撞，由于设置了接触，所以二层楼板并没有出现穿心而过的现象；t＝20.00 s时，整个结构发生倒塌。

考虑应变率效应时，对于 El Centro 地震动，当主方向峰值加速度调幅至0.65g时，结构产生了连续性倒塌，结构倒塌所需的地震峰值加速度有所提高，但倒塌模式未发生改变，倒塌过程如图 4-15 所示。可以看出：底柱首次发生屈服的时间大致相同，其他破坏状态的时间点有一定的延后，可能是材料进入非线性后应变率效应所致。

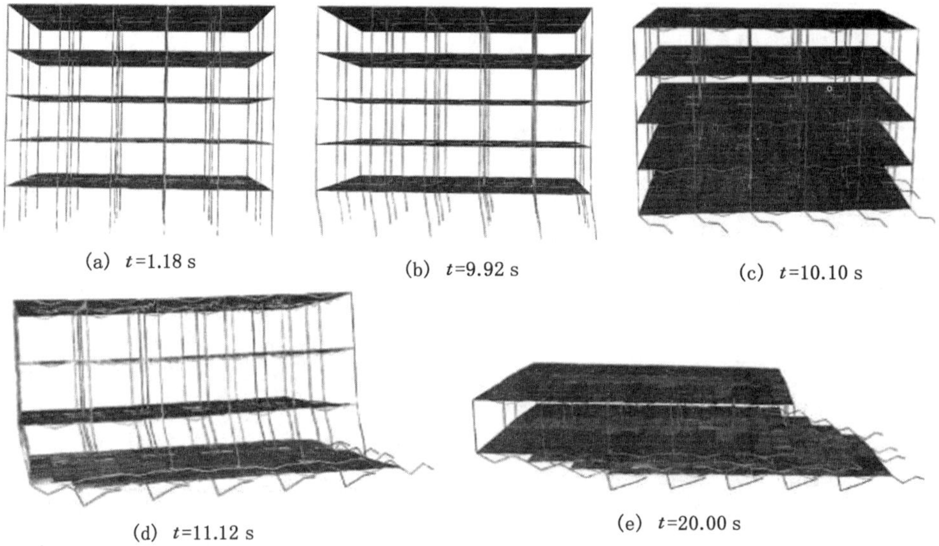

(a) t=1.18 s　(b) t=9.92 s　(c) t=10.10 s　(d) t=11.12 s　(e) t=20.00 s

图 4-15　考虑应变率效应时结构的倒塌过程（El Centro，PGA＝0.65g）

第 5 章　构件配筋率对混凝土结构非线性地震灾变过程的影响

5.1　概述

钢筋混凝土框架结构连续倒塌危害巨大，造成巨大的人员伤亡、社会财富损失和不良的社会影响。在历次较大地震中，均有因框架结构发生破坏或倒塌造成人员伤亡和经济损失的报道。近年来，关于结构抗连续性倒塌设计的研究越来越受到重视，国外对于结构连续性倒塌的研究较早，对混凝土结构倒塌破坏进行了大量的研究工作，取得了很多有意义的研究成果，提出了一系列的结构抗连续性倒塌的方法和准则。我国相关规范仅给出了简要的防连续性倒塌设计建议，缺乏可操作性。本章在考虑应变率效应影响的前提下，针对钢筋混凝土框架结构，研究提高结构构件配筋率对结构位移响应、基底剪力以及地震灾变过程的影响。

5.2　模型介绍

以 5 层钢筋混凝土框架结构为研究对象，采用 PKPM 软件进行结构设计，抗震设防烈度为 7 度，设计基本地震加速度值为 0.15g，结构阻尼比取 0.05，楼面与屋面恒荷载均取 4.5 kN/m^2，活荷载均取 2.0 kN/m^2。并给出截面尺寸及配筋。基于 ABAQUS 软件平台建立 K-1 结构的三维有限元模型，如图 5-1 所示。

模型 K-1 的尺寸及配筋如图 5-2 所示，结构总质量为 1 058.5 t，纵向受力钢筋采用 HRB400，箍筋采用 HRB335，混凝土强度等级为 C30。梁、柱采用 B31 梁单元模拟，本构模型采用本书开发的钢筋混凝土动态纤维梁单

图 5-1　结构的三维有限元模型(K-1)

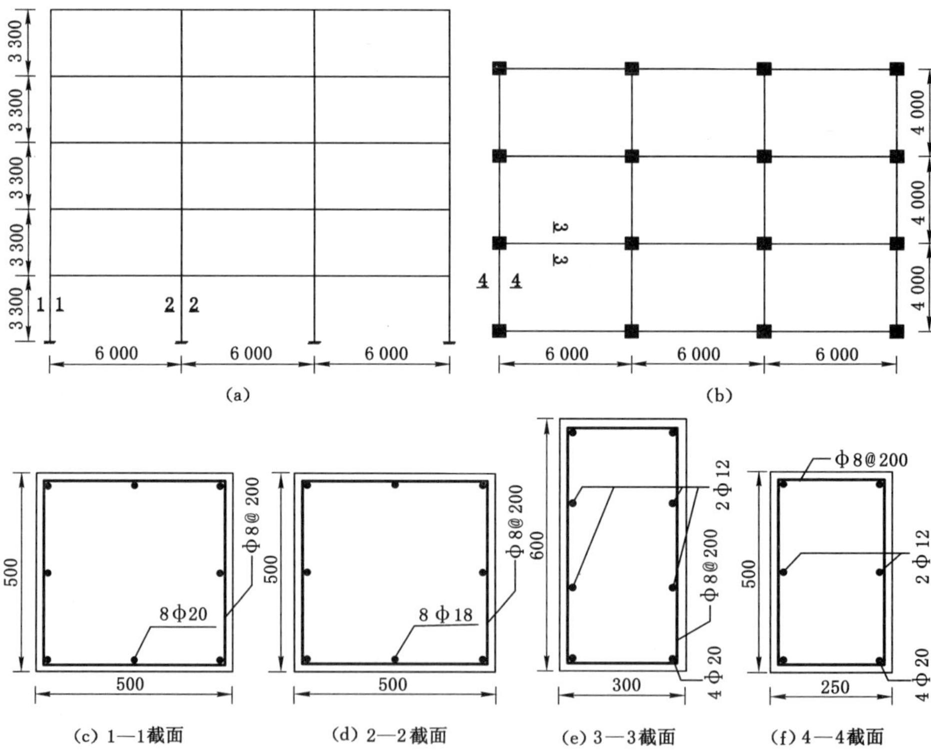

图 5-2　模型 K-1 的尺寸及配筋图(单位:mm)

元子程序模拟；楼板采用 S4R 单元，楼板厚度为 100 mm，不考虑楼板的材料非线性。并采用 * Rebar 命令为楼板配筋，采用 * Elcopy 命令为梁、柱配筋，柱内钢筋等效为箱形截面，梁内钢筋等效为工字形截面，并采用通用接触单元对结构进行了接触设置以考虑结构倒塌过程中的相互碰撞。另外，通过改变模型中构件的配筋，分别得到模型 K-2、模型 K-3 和模型 K-4。模型 K-2 为将模型 K-1 底层柱配筋提高 10%；模型 K-3 为将模型 K-1 各层柱配筋均提高 10%；模型 K-4 为将模型 K-1 各层梁、柱配筋均提高 10%。

5.3　提高底层柱配筋率的影响

将模型 K-1 底层柱的配筋率增大 10%，建立模型 K-2。选取 El Centro 地震动，采用三向输入的方式，分别对模型 K-1 和模型 K-2 进行了动力时程分析。

5.3.1　顶层位移

图 5-3 给出了 El Centro 地震动作用下 PGA＝0.2g 和 PGA＝0.4g 时模型 K-1 与模型 K-2 两个水平方向顶层位移时程曲线对比情况。当 PGA＝0.2g 时，模型 K-1 的 X 轴方向和 Y 轴方向顶层位移最大值分别为 0.121 m和 0.118 m，模型 K-2 的 X 轴方向和 Y 轴方向顶层位移最大值分别为 0.121 m 和 0.104 m；与模型 K-1 相比，X 轴方向顶层位移相同，Y 轴方向减小了 11.9%。当 PGA＝0.4g 时，模型 K-1 的 X 轴方向和 Y 轴方向顶层位移最大值分别为 0.170 m 和 0.169 m，模型 K-2 的 X 轴方向和 Y 轴方向顶层位移最大值分别为 0.168 m 和 0.142 m，与模型 K-1 相比，模型 K-2 的 X 轴方向顶层位移最大值减小 1.2%，Y 轴方向减小 16.0%。可以看出：提高底层柱配筋率，顶层位移响应总体呈减小趋势。

5.3.2　基底剪力

图 5-4 给出了 El Centro 地震动作用下 PGA＝0.2g 和 PGA＝0.4g时模型 K-1 与模型 K-2 两个水平方向的基底剪力时程曲线对比情况。可以看出：模型 K-2 的基底剪力有增大的趋势。当 PGA＝0.2g 时，模型 K-1 的 X 轴方向和 Y 轴方向基底剪力最大值分别为 3 603 kN 和 3 903 kN，模型 K-2 的 X 轴方向和 Y 轴方向基底剪力最大值分别为 3 765 kN 和 4 011 kN；与模型 K-1 相比，模型 K-2 的 X 轴方向基底剪力最大值增大 4.3%，Y 轴方向

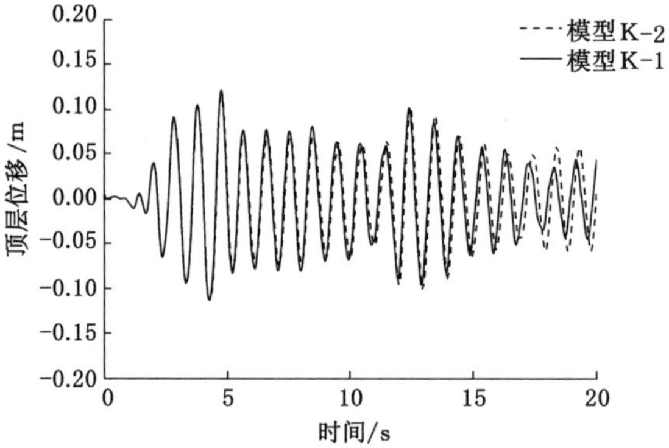

（a）X轴方向(PGA=0.2g)

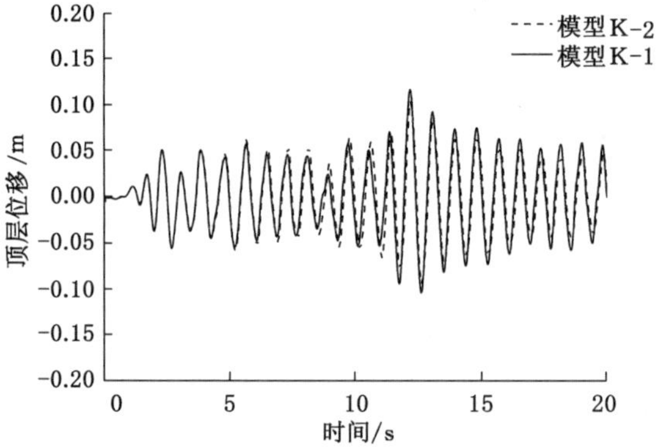

（b）Y轴方向(PGA=0.2g)

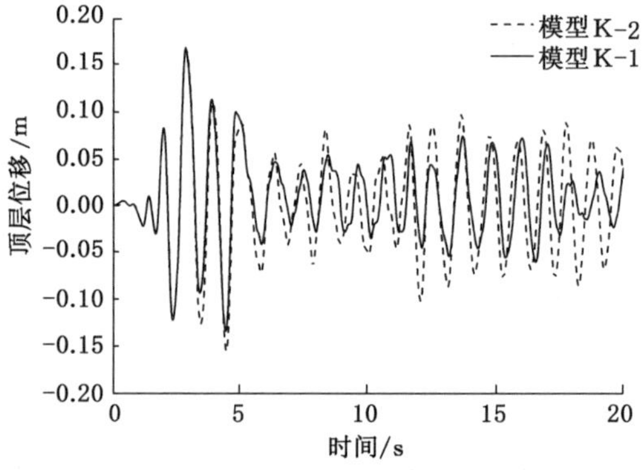

（c）X轴方向(PGA=0.4g)

图 5-3　模型 K-1 与模型 K-2 顶层位移时程曲线对比

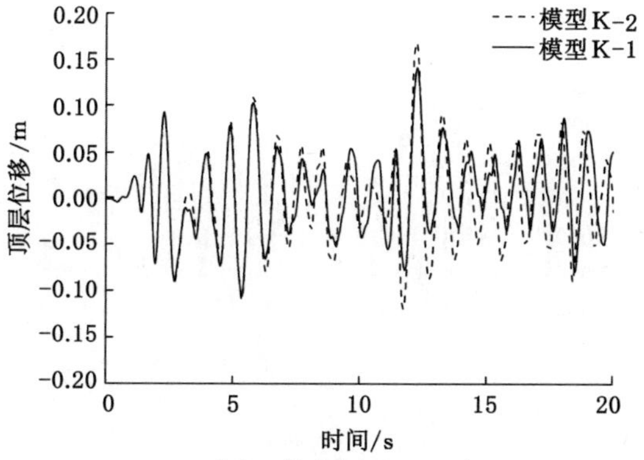

(d) Y轴方向(PGA=0.4g)

图 5-3(续)

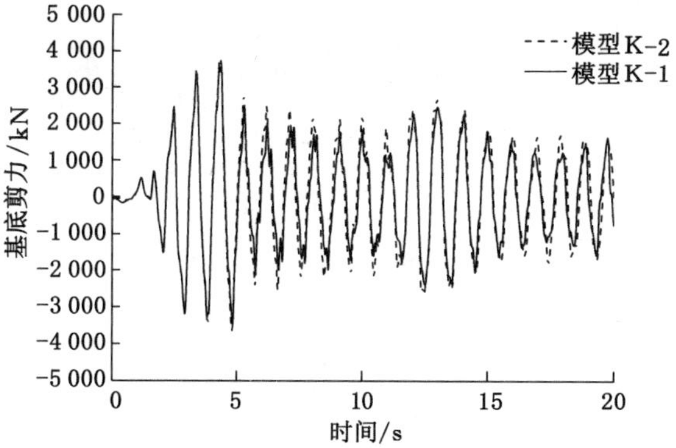

(a) X轴方向(PGA=0.2g)

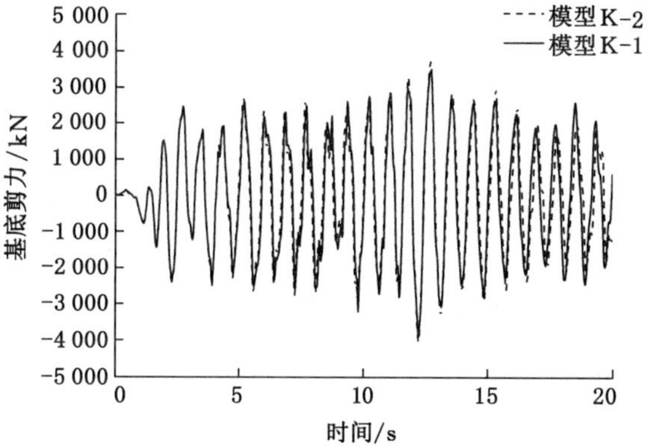

(b) Y轴方向(PGA=0.2g)

图 5-4　模型 K-1 与模型 K-2 基底剪力时程曲线对比

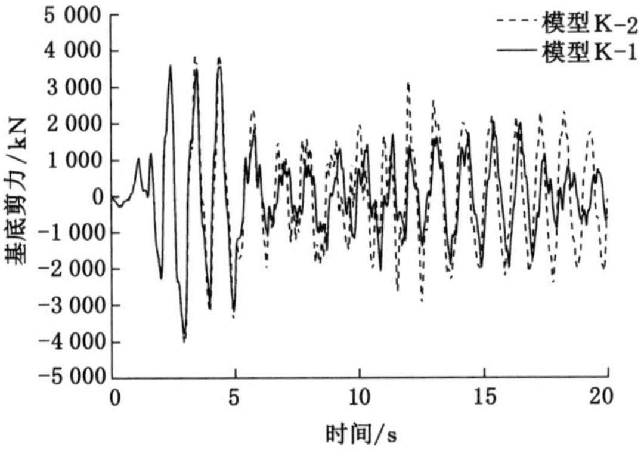

（c）*X*轴方向(PGA=0.4*g*)

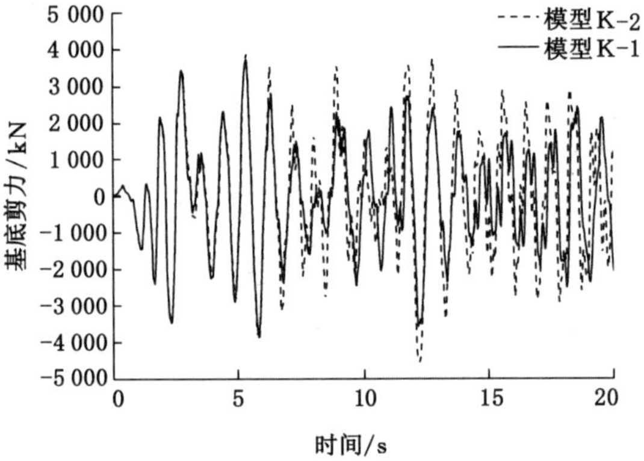

（d）*Y*轴方向(PGA=0.4*g*)

图 5-4（续）

减小 2.7%。当 PGA＝0.4*g* 时，模型 K-1 的 *X* 轴方向和 *Y* 轴方向基底剪力最大值分别为 3 797 kN 和 3 743 kN，模型 K-2 的 *X* 轴方向和 *Y* 轴方向顶层位移最大值分别为 4 039 kN 和 4 554 kN；与模型 K-1 相比，模型 K-2 的 *X* 轴方向基底剪力最大值增大 6%，*Y* 轴方向增大 17.8%。可以看出：底层柱配筋率的提高一定程度上可提高结构抗力。

5.3.3 层间位移角

图 5-5 给出了 El Centro 地震动作用下 PGA＝0.2*g* 和 PGA＝0.4*g* 时模型 K-1 与模型 K-2 两个水平方向的层间位移角对比情况。可以看出：模型K-2的层间位移角整体呈现减小的趋势，当 PGA＝0.2*g* 时，模型 K-1 的

X 轴方向和 Y 轴方向层间位移角最大值分别为 1/95 和 1/95，模型 K-2 的 X 轴方向和 Y 轴方向层间位移角最大值分别为 1/94 和 1/109；与模型 K-1 相比，模型 K-2 的 X 轴方向层间位移角最大值略微增大，Y 轴方向则略微减小。当 PGA＝0.4g 时，模型 K-1 的 X 轴方向和 Y 轴方向层间位移角最大值分别为 1/45 和 1/39，模型 K-2 的 X 轴方向和 Y 轴方向层间位移角最大值分别为1/58和 1/51；与模型 K-1 相比，模型 K-2 的 X 轴方向和 Y 轴方向层间位移角最大值均减小。可以看出：仅提高底层柱配筋率，层间位移角总体呈减小趋势。

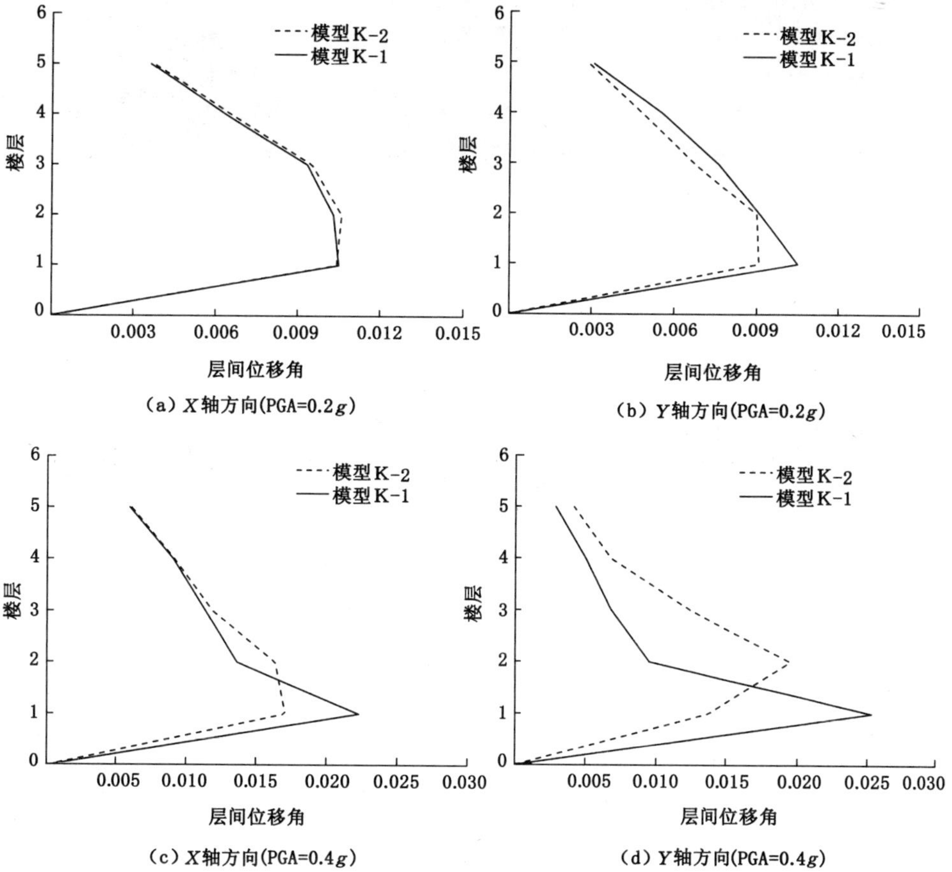

(a) X 轴方向(PGA=0.2g)　(b) Y 轴方向(PGA=0.2g)

(c) X 轴方向(PGA=0.4g)　(d) Y 轴方向(PGA=0.4g)

图 5-5　模型 K-1 与模型 K-2 层间位移角最大值对比

5.3.4 倒塌过程

如图 5-6 所示，模型 K-1 在 El Centro 地震动（PGA＝0.55g）作用下发生倒塌，从 t＝1.86 s 开始，部分构件发生屈服，t＝12.38 s 时结构底层部分单元丧失承载力，t＝13.80 s 时结构底层右侧柱由于侧向变形过大，从而丧失承载力，结构进入倒塌阶段，t＝14.20 s 时第二层楼板与一层楼板发生了碰撞，t＝14.68 s 时结构第三层发生倒塌，t＝15.00 s 时结构完全倒塌。

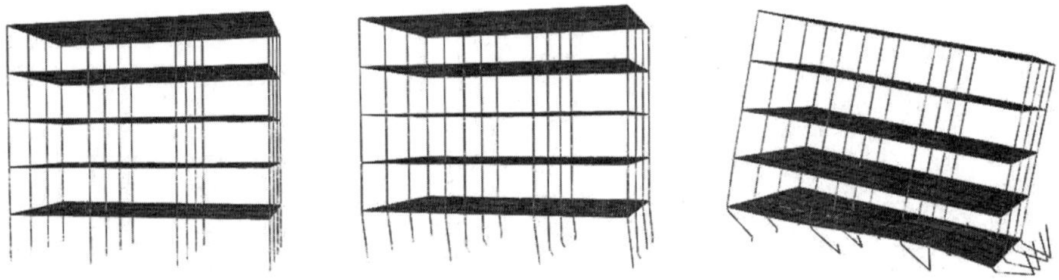

(a) t=1.86 s　(b) t=12.38 s　(c) t=13.80 s

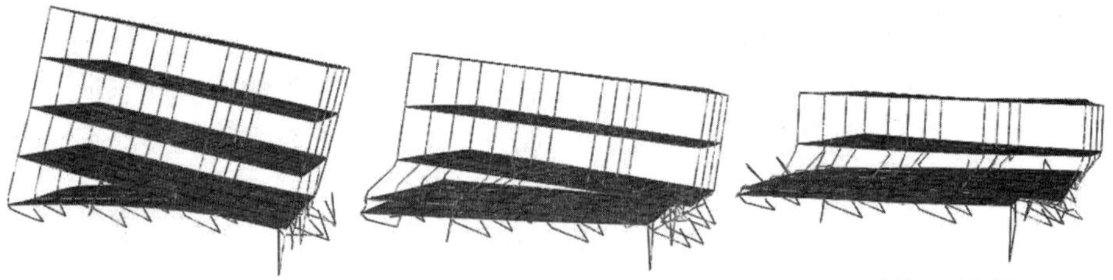

(d) t=14.20 s　(e) t=14.68 s　(f) t=15.00 s

图 5-6　模型 K-1 倒塌过程（El Centro 地震动，PGA＝0.55g）

如图 5-7 所示，模型 K-2 在 El Centro 地震动（PGA＝0.50g）作用下发生了倒塌，t＝9.42 s 时结构底层部分构件屈服，t＝18.52 s 时结构底层柱部分单元丧失承载力，t＝19.32 s 时结构向一侧发生倾斜，接着二层左侧柱失效，结构最终发生倒塌。增大了底层柱配筋率后，结构发生倒塌时的 PGA 减小，由 0.55g 减小为 0.50g，且倒塌过程及方式有一定差别。

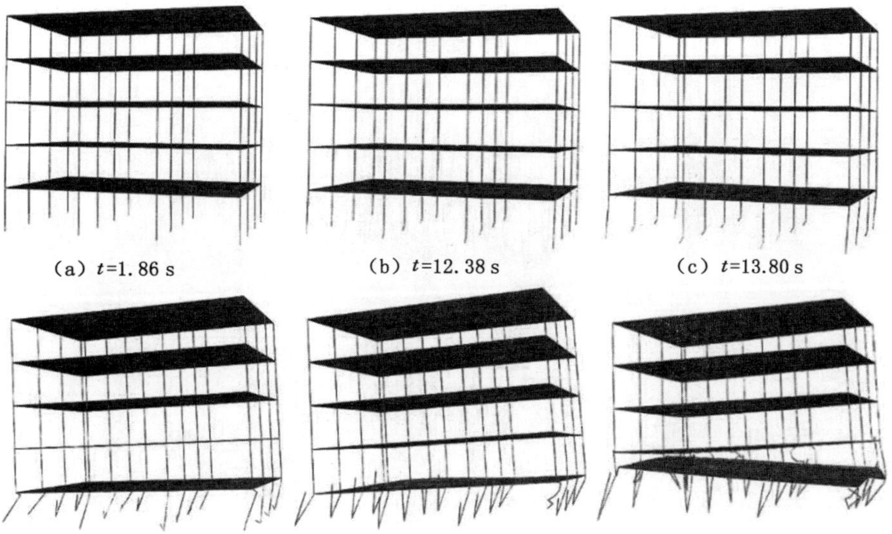

(a) t=1.86 s　(b) t=12.38 s　(c) t=13.80 s

(d) t=14.20 s　(e) t=14.68 s　(f) t=15.00 s

图 5-7　模型 K-2 倒塌过程(El Centro 地震动，PGA＝0.5g)

5.4　提高各层柱配筋率的影响

将模型 K-1 各层柱的配筋率提高 10％，建立模型 K-3。选取 El Centro 地震动，采用三向输入的方式，对模型 K-3 进行了动力时程分析。

5.4.1　顶层位移

图 5-8 给出了 El Centro 地震动作用下 PGA＝0.2g 和 PGA＝0.4g 时模型 K-1 与模型 K-3 两个水平方向顶层位移时程曲线对比情况。当PGA＝0.2g 时，模型 K-1 的 X 轴方向和 Y 轴方向顶层位移最大值分别为0.121 m和 0.118 m，模型 K-3 的 X 轴方向和 Y 轴方向顶层位移最大值分别为 0.114 m和 0.102 m；与模型 K-1 相比，X 轴方向顶层位移最大值减小 5.8％，Y 方向减小 13.6％。当 PGA＝0.4g 时，模型 K-1 的 X 轴方向和 Y 轴方向顶层位移最大值分别为 0.170 m 和 0.169 m，模型 K-3 的 X 轴方向和 Y 轴方向顶层位移最大值分别为 0.167 m 和 0.133 m；与模型 K-1 相比，模型 K-3 的 X 轴方向顶层位移最大值增大了 1.8％，Y 轴方向减小 21.3％。可以看出：提高各层柱配筋率后顶层位移响应有明显减小趋势。

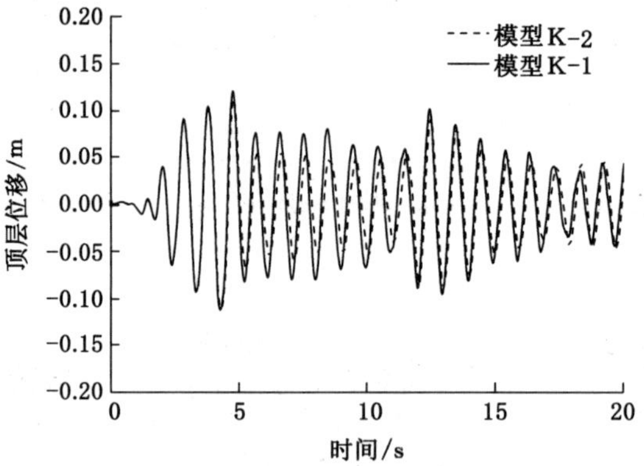

（a）X轴方向(PGA=0.2g)

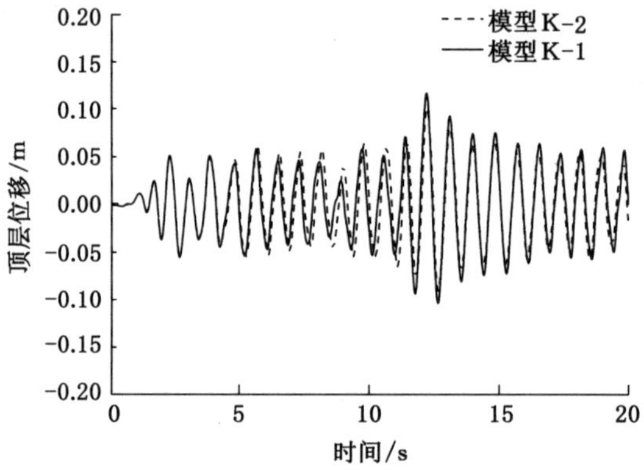

（b）Y轴方向(PGA=0.2g)

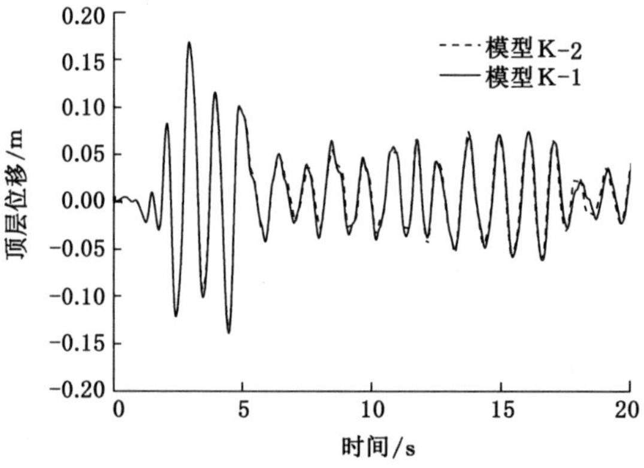

（c）X轴方向(PGA=0.4g)

图 5-8　模型 K-1 与模型 K-3 顶层位移时程曲线对比

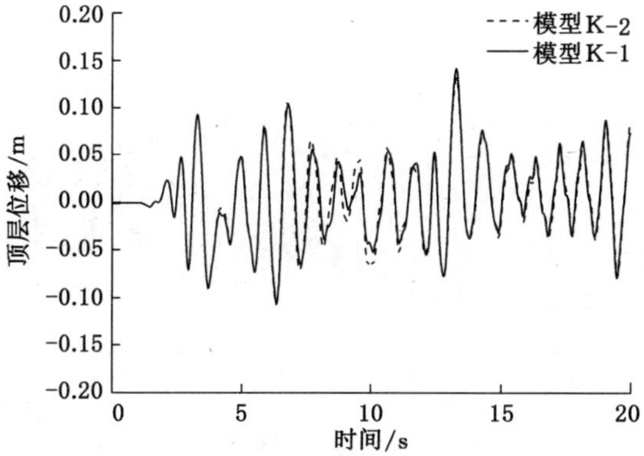

(d) Y轴方向(PGA=0.4g)

图 5-8(续)

5.4.2　基底剪力

图 5-9 给出了 El Centro 地震动作用下 PGA＝0.2g 和 PGA＝0.4g 时模型 K-1 与模型 K-3 两个水平方向的基底剪力时程曲线对比情况。可以看出:模型 K-3 的基底剪力有增大的趋势。当 PGA＝0.2g 时,模型 K-1 的 X 轴方向和 Y 轴方向基底剪力最大值分别为 3 742 kN 和 4 087 kN,模型 K-3 的 X 轴方向和 Y 轴方向基底剪力最大值分别为 3 834 kN 和 4 179 kN;与模型 K-1 相比,模型 K-3 的 X 轴方向基底剪力最大值增大 2.4%,Y 轴方向增大2.2%。当 PGA＝0.4g 时,模型 K-1 的 X 轴方向和 Y 轴方向基底剪力最大值分别为 3 785 kN 和 3 841 kN,模型 K-3 的 X 轴方向和 Y 轴方向顶层位移最大值分别为 3 796 kN 和 4 179 kN;与模型 K-1 相比,模型 K-3 的 X 轴方向基底剪力最大值增大 0.3%,Y 轴方向增大 8.1%。可以看出:提高各层柱配筋率在一定程度上可提高结构的抗力。

5.4.3　层间位移角

图 5-10 给出了 El Centro 地震动作用下 PGA＝0.2g 和 PGA＝0.4g 时模型 K-1 与模型 K-3 两个水平方向的层间位移角对比情况。可以看出:模型 K-3 的层间位移角总体呈现减小的趋势。当 PGA＝0.2g 时,模型 K-1 的 X 轴方向和 Y 轴方向层间位移角最大值分别为 1/90 和 1/95,模型 K-3 的 X 轴方向和 Y 轴方向层间位移角最大值分别为 1/95 和 1/108;与模型 K-1 相比,模型 K-3 的 X 轴方向和 Y 轴方向层间位移角最大值均减小。当

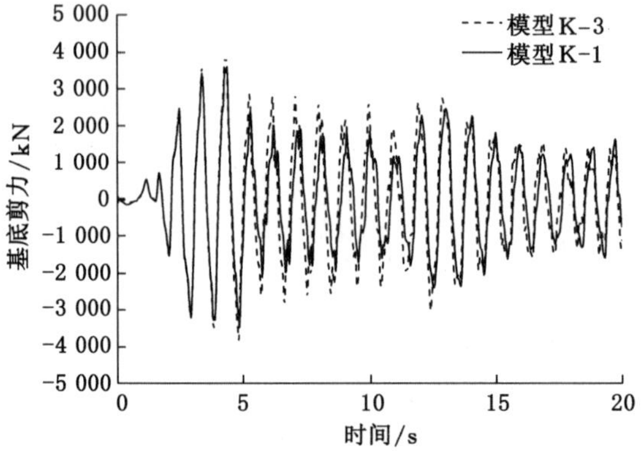

(a) X轴方向(PGA=0.2g)

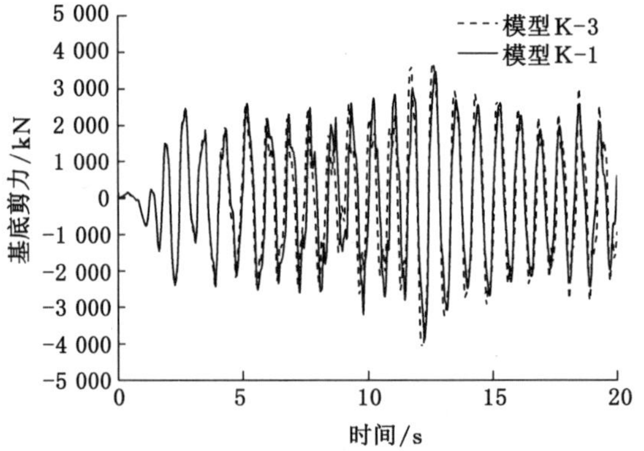

(b) Y轴方向(PGA=0.2g)

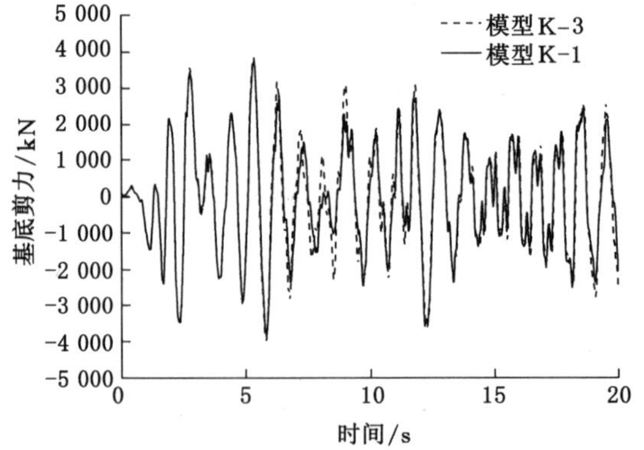

(c) X轴方向(PGA=0.4g)

图 5-9 模型 K-1 与模型 K-3 基底剪力时程曲线对比

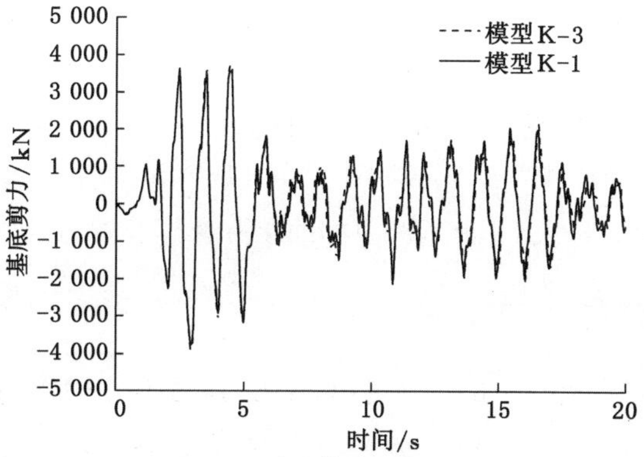

(d) *Y*轴方向(PGA=0.4g)

图 5-9(续)

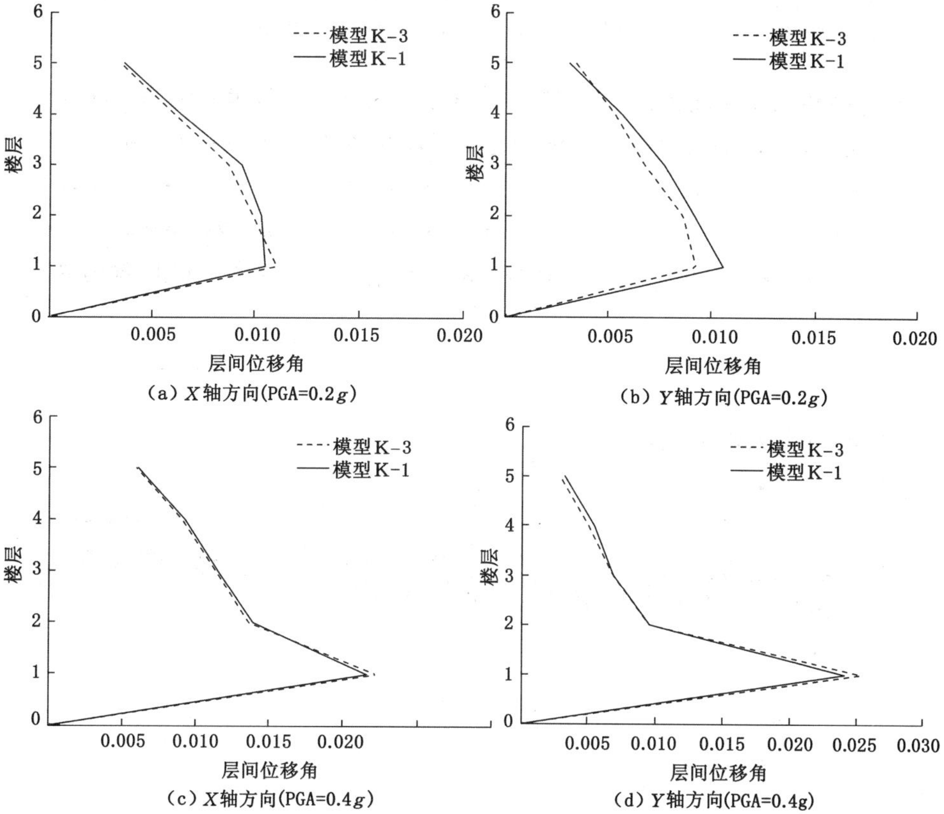

(a) *X*轴方向(PGA=0.2*g*)

(b) *Y*轴方向(PGA=0.2*g*)

(c) *X*轴方向(PGA=0.4*g*)

(d) *Y*轴方向(PGA=0.4g)

图 5-10　模型 K-1 与模型 K-3 层间位移角最大值对比

PGA＝0.4g 时，模型 K-1 的 X 轴方向和 Y 轴方向层间位移角最大值分别为 1/46 和 1/41，模型K-3的 X 轴方向和 Y 轴方向层间位移角最大值分别为 1/45 和 1/39，与模型 K-1 相比，模型 K-3 的 X 轴方向和 Y 轴方向层间位移角最大值略微增大，变化不明显。可以看出：提高各层柱配筋率，层间位移角最大值变化不大，但层间位移角曲线总体呈减小趋势。

5.4.4 倒塌过程

如图 5-11 所示，模型 K-3 在 El Centro 地震动（PGA＝0.60g）作用下发生了倒塌，从 t＝2.00 s开始部分构件发生屈服，t＝6.00 s时结构底层部分单元丧失承载力，t＝15.92 s时结构进入坍塌阶段，t＝16.54 s时结构二层发生倒塌，t＝17.44 s时结构完全倒塌。与模型 K-1 相比，模型 K-3 发生连续倒塌时的 PGA 值为 0.6g。可以看出：提高各层柱配筋率之后，尽管位移响应没有出现明显减弱，但结构的抗倒塌性能有一定程度的提升。

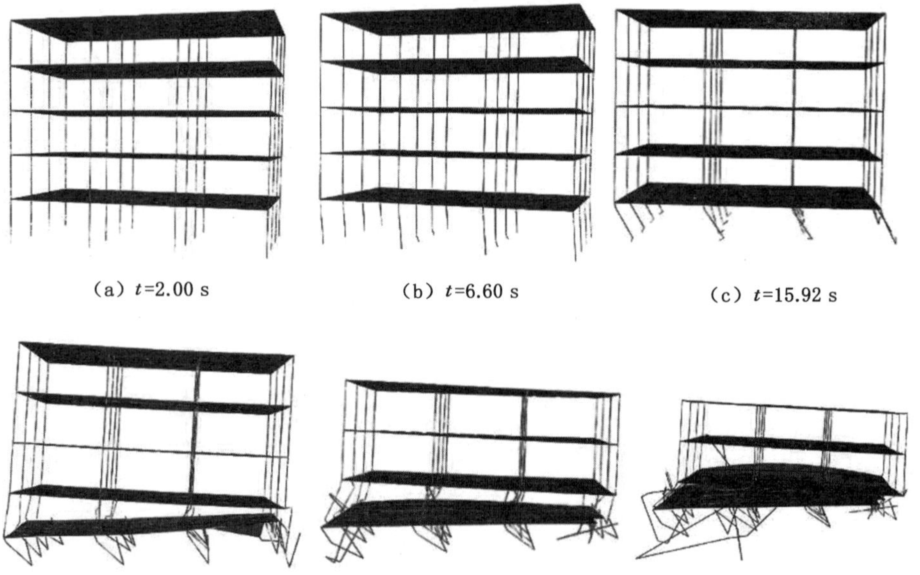

(a) t=2.00 s　(b) t=6.60 s　(c) t=15.92 s

(d) t=16.54 s　(e) t=17.14 s　(f) t=17.44 s

图 5-11　模型 K-3 倒塌过程（El Centro 地震动，PGA＝0.60g）

5.5　提高各层梁、柱配筋率的影响

将模型 K-1 各层所有梁、柱的配筋率提高 10%，建立模型 K-4。选取 El Centro 地震动，采用三向输入的方式，对模型 K-4 进行动力时程分析。

5.5.1　顶层位移

图 5-12 给出了 El Centro 地震动作用下 PGA＝0.2g 和 PGA＝0.4g 时模型 K-1 与模型 K-4 两个水平方向顶层位移时程曲线对比情况。当 PGA＝0.2g 时，模型 K-1 的 X 轴方向和 Y 轴方向顶层位移最大值分别为 0.121 m和 0.118 m，模型 K-4 的 X 轴方向和 Y 轴方向顶层位移最大值分别为0.120 m和 0.118 m；与模型 K-1 相比，X 轴方向和 Y 轴方向顶层位移几乎没有变化。当 PGA＝0.4g 时，模型 K-1 的 X 轴方向和 Y 轴方向顶层位移最大值分别为 0.170 m 和 0.169 m，模型 K-4 的 X 轴方向和 Y 轴方向顶层位移最大值分别为 0.169 m 和 0.163 m；与模型 K-1 相比，模型 K-4 的 X 轴方向和 Y 轴方向顶层位移最大值分别减小 1.4%和 3.6%。可以看出：提高各层梁、柱配筋率后顶层位移响应总体呈减小趋势。

5.5.2　基底剪力

图 5-13 给出了 El Centro 地震动作用下 PGA＝0.2g 和 PGA＝0.4g 时模型 K-1 与模型 K-4 两个水平方向的基底剪力时程曲线对比情况。可以看出：模型 K-4 的基底剪力有增大的趋势。当 PGA＝0.2g 时，模型 K-1 的 X 轴方向和 Y 轴方向基底剪力最大值分别为 3 608 kN 和 4 089 kN，模型 K-4 的 X 轴方向和 Y 轴方向基底剪力最大值分别为 3 822 kN 和 4 160 kN；与模型 K-1 相比，模型 K-4 的 X 轴方向基底剪力最大值增大了 5.5%，Y 轴方向增大了 1.7%。当 PGA＝0.4g 时，模型 K-1 的 X 轴方向和 Y 轴方向基底剪力最大值分别为3 796 kN和 3 863 kN，模型 K-4 的 X 轴方向和 Y 轴方向顶层位移最大值分别为 3 905 kN 和 3 974 kN；与模型 K-1 相比，模型K-4 的 X 轴方向基底剪力最大值增大 3.2%，Y 轴方向增大 2.8%。可以看出：提高各层梁、柱配筋率一定程度上可提高结构抗力。

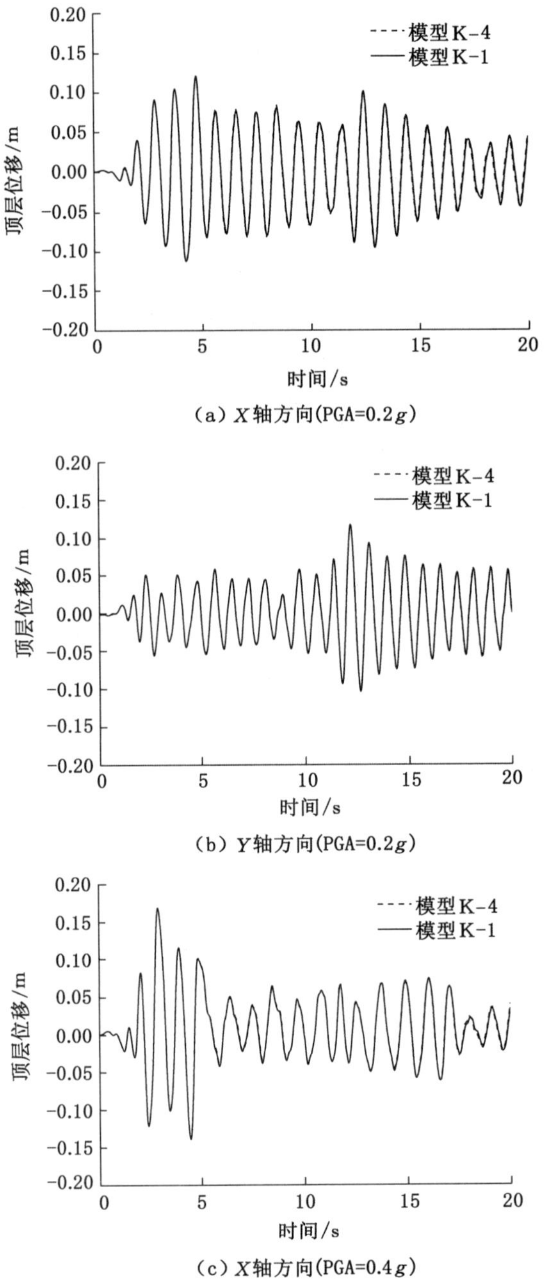

图 5-12 模型 K-1 与模型 K-4 顶层位移时程曲线对比

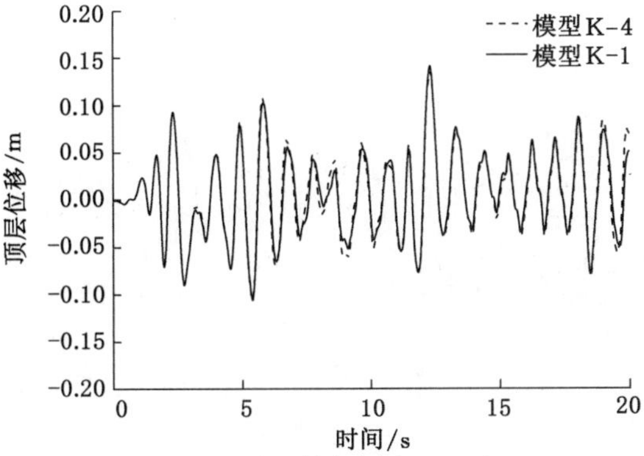

(d) Y轴方向(PGA=0.4g)

图 5-12(续)

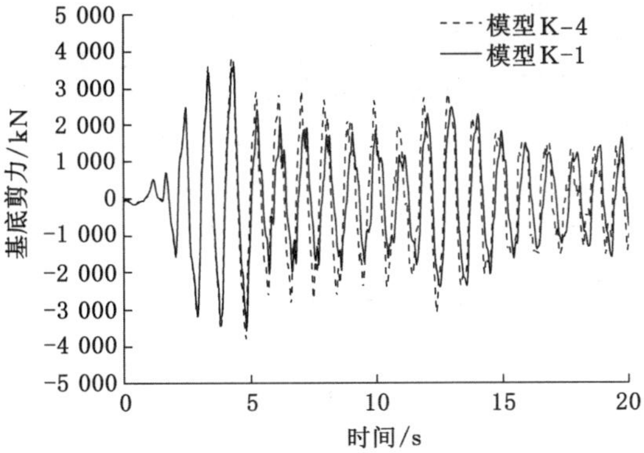

(a) X轴方向(PGA=0.2g)

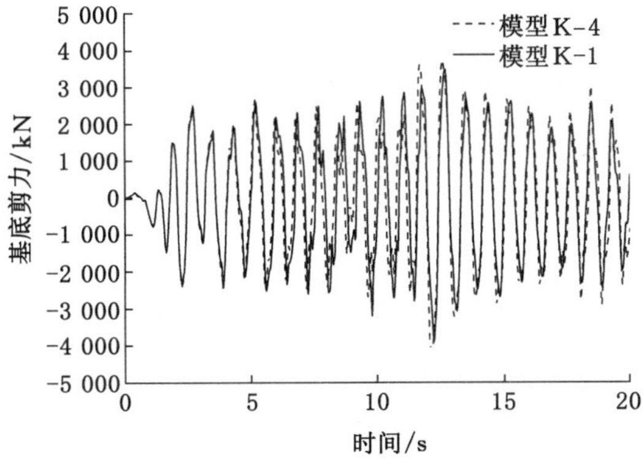

(b) Y轴方向(PGA=0.2g)

图 5-13　模型 K-1 与模型 K-4 基底剪力时程曲线对比

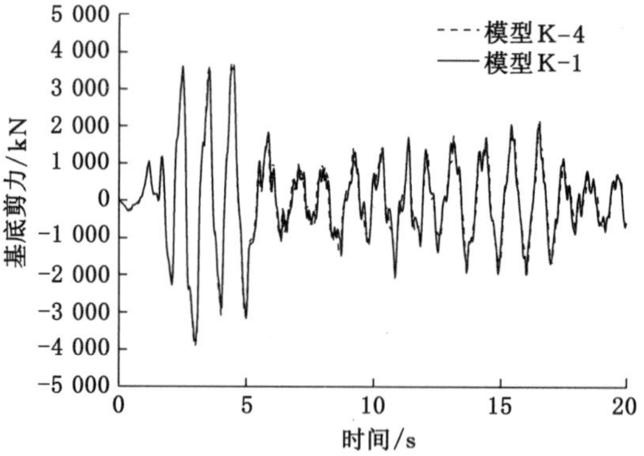

(c) X轴方向(PGA=0.4g)

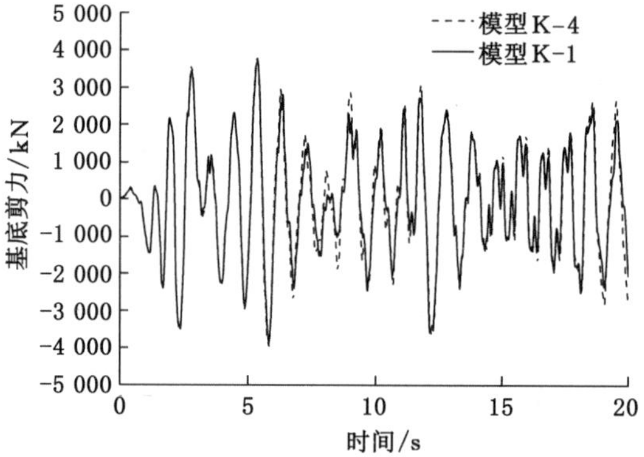

(d) Y轴方向(PGA=0.4g)

图 5-13(续)

5.5.3 层间位移角

图 5-14 给出了 El Centro 地震动作用下 PGA＝0.2g 和 PGA＝0.4g 时模型 K-1 与模型 K-4 两个水平方向的层间位移角对比情况。可以看出：模型 K-4 的层间位移角整体呈现减小的趋势。当 PGA＝0.2g 时，模型 K-1 的 X 轴方向和 Y 轴方向层间位移角最大值分别为 1/96 和 1/95，模型 K-4 的 X 轴方向和 Y 轴方向层间位移角最大值分别为 1/95 和 1/96；与模型 K-1相比，模型 K-4 的 X 轴方向和 Y 轴方向层间位移角变化不大。当 PGA＝0.4g 时，模型 K-1 的 X 轴方向和 Y 轴方向层间位移角最大值分别为 1/46和 1/41，模型 K-4 的 X 轴方向和 Y 轴方向层间位移角最大值分别为 1/46和 1/41；与模型 K-1 相比，模型 K-4 的 X 轴方向和 Y 轴方向层间位移

角基本相同。可以看出：提高各层柱配筋率，对层间位移角最大值和曲线总体趋势影响不大。

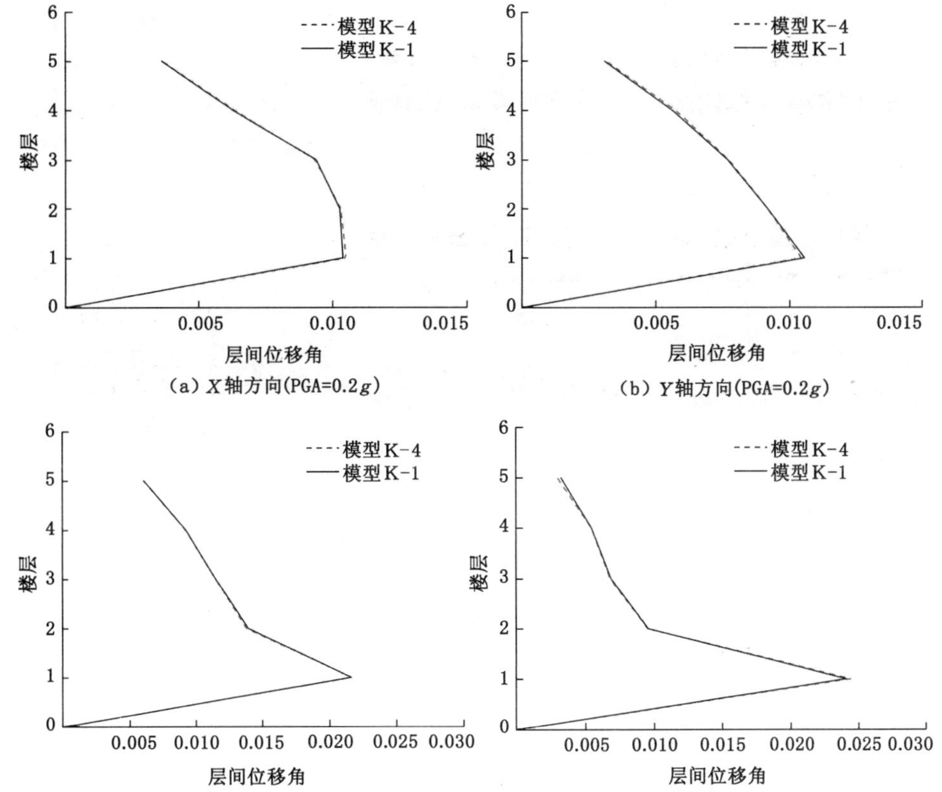

(a) X轴方向(PGA=0.2g)　(b) Y轴方向(PGA=0.2g)

(c) X轴方向(PGA=0.4g)　(d) Y轴方向(PGA=0.4g)

图 5-14　模型 K-1 与模型 K-4 层间位移角曲线对比

5.5.4　倒塌过程

如图 5-15 所示，模型 K-4 在 El Centro 地震动(PGA＝0.65g)作用下发生了倒塌，t＝3.40 s 开始部分构件发生屈服，t＝13.84 s 时结构底层柱失效丧失承载力进入坍塌阶段，t＝14.68 s 时结构第二层发生竖向倒塌，t＝15.38 s时结构第三层沿竖向发生倒塌。与模型 K-1 相比，模型 K-4 发生连续倒塌时的 PGA 值为 0.65g。可以看出：同时提高各层梁、柱配筋率，梁之间的拉结作用得到增强，致使结构的抗倒塌性能进一步提高。

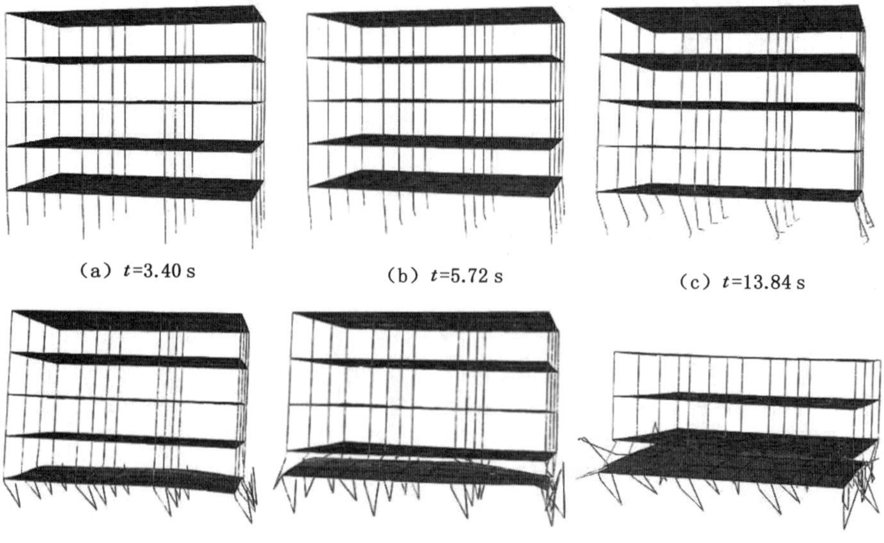

(a) t=3.40 s (b) t=5.72 s (c) t=13.84 s

(d) t=14.54 s (e) t=14.68 s (f) t=15.38 s

图 5-15 模型 K-4 倒塌过程(El Centro 地震动,PGA=0.60g)

5.6 结果分析

由以上研究结果可知:考虑应变率效应时改变配筋率对结构连续倒塌破坏过程有一定影响,结构发生倒塌时的地震峰值加速度见表 5-1。

表 5-1 结构倒塌时的地震峰值加速度

结构模型	地震峰值加速度
K-1	0.55g
K-2	0.50g
K-3	0.60g
K-4	0.65g

综上所述,在改变结构底层柱配筋率后,结构发生倒塌时所需的地震峰值加速度减小为 0.5g,在改变结构柱及梁柱配筋率后,结构倒塌时所需的地震峰值加速度分别增大至 0.6g、0.65g,故在满足规范要求的情况下增大结构柱或梁柱配筋率,可一定程度上提高结构的抗震性能。

参考文献

[1] 李宏男.结构多维抗震理论[M].北京:科学出版社,1996.
[2] FU H C, ERKI M A, SECKIN M. Review of effects of loading rate on reinforced concrete[J]. Journal of structural engineering, 1991, 117(12): 3660-3679.
[3] ABRAMS D A. Effect of rate of application of load on the compressive strength of concrete[C]//Proceedings of American society for testing materials. [S. l.]:[s. n.], 1917:364-377.
[4] JONES P G, RICHART F E. The effect of testing speed on strength and elastic properties of concrete [C]//Proceedings of American society for testing materials. [S. l.]:[s. n.], 1936:380-391.
[5] WATSTEIN D. Effect of straining rate on the compressive strength and elastic properties of concrete[J]. ACI journal, 1953, 49(4):729-744.
[6] COWELL W L. Dynamic properties of plain Portland cement concrete [R]. Port Hueneme: [s. n.], 1966.
[7] DHIR R K, SANGHA C M. A study of the relationships between time, strength, deformation and fracture of plain concrete [J]. Magazine of concrete research, 1972, 24(81):197-208.
[8] HUGHES B P, GREGORY R. Concrete subjected to high rates of loading in compression[J]. Magazine of concrete research, 1972, 24(78):25-36.
[9] HUGHES B P, WATSON A J. Compressive strength and ultimate strain of concrete under impact loading[J]. Magazine of concrete research, 1978, 30(105):189-199.
[10] SPARKS P R, MENZIES J B. The effect of rate of loading upon the static and fatigue strengths of plain concrete in compression [J].

Magazine of concrete research，1973，25(83)：73-80.
[11] EVAN R H. Effect of rate of loading on some mechanical properties of concrete[C]//Proceedings of conference on mechanical properties of non-metallic brittle materials. London：[s. n.]，1968：175-192.
[12] WAKABAYSHI M，et al. Dynamic loading effects on the structural performance of concrete and steel materials and beams[C]// Proceedings of seventh world conference on earthquake engineering. Istanbul：[s. n.]，1980，6(3)：271-278.
[13] ATCHLEY B L，FURR H L. Strength and energy absorption capabilities of plain concrete under dynamic and static loadings[J]. ACI journal，1967，64(11)：745-756.
[14] TEDESCO J W，POWELL J C，ROSS C A，et al. A strain-rate-dependent concrete material model for ADINA[J]. Computers and structures，1997，64(5/6)：1053-1067.
[15] ZHENG S，HÄUSSLER-COMBE U，EIBL J. New approach to strain rate sensitivity of concrete in compression[J]. Journal of engineering mechanics，1999，125(12)：1403-1410.
[16] BISCHOFF P H，PERRY S H. Compressive behaviour of concrete at high strain rates[J]. Materials and structures，1991，24(6)：425-450.
[17] FU H C，ERKI M A，SECKIN M. Review of effects of loading rate on concrete in compression[J]. Journal of structural engineering，1991，117(12)：3645-3659.
[18] 陈肇元，阚永魁. 高标号混凝土用于抗爆结构的若干问题[R]. 科学研究报告集第四集：钢筋混凝土结构构件在冲击荷载下的性能. 北京：清华大学出版社，1986.
[19] 董毓利，谢和平，赵鹏. 不同应变率下混凝土受压全过程的实验研究及其本构模型[J]. 水利学报，1997(7)：72-77.
[20] 肖诗云，林皋，逯静洲，等. 应变率对混凝土抗压特性的影响[J]. 哈尔滨建筑大学学报，2002，35(5)：35-39.
[21] 闫东明，林皋. 混凝土单轴动态压缩特性试验研究[J]. 水科学与工程技术，2005(6)：8-10.
[22] BISCHOFF P H. Compressive response of concrete to hard impact [D].

London: Imperial College of Science and Technology, 1988.
[23] MELLINGER F M, BIRKIMER D. Measurement of stress and strain on cylindrical test specimens of rock and concrete under impact loading[R]. Cincinnati: U. S Army corps of Engineers, 1966, 71.
[24] BIRKIMER D L, LINDEMANN R. The impact strength of concrete materials[J]. ACI journal, 1971, 68(1): 47-49.
[25] MCVAY M K. Spall damage of concrete structures[R]. Vicksburg: U. S. Army Corps of Engineers, 1988.
[26] ROSS C A, JEROME D M, TEDESCO J W, et al. Moisture and strain rate effects on concrete strength[J]. ACI Materials Journal, 1996, 93(33): 293-300.
[27] ROSS C A, TEDESCO J W, KUENNEN S T. Effect of strain rate on concrete strength[J]. ACI Materials journal, 1995, 92(1): 37-47.
[28] TEDESCO J W, ROSS C A, KUENNEN S T. Experimental and numerical analysis of high strain rate splitting-tensile tests[J]. ACI materials journal, 1993, 90(2): 162-169.
[29] TEDESCO J W, ROSS C A, MCGILL P B, et al. Numerical analysis of high strain rate concrete direct tension tests[J]. Computers and structures, 1991, 40(2): 313-327.
[30] ROSS C A, THOMPSON P Y, TEDESCO J W. Split-Hopkinson pressure-bar tests on concrete and mortar in tension and compression[J]. ACI materials journal, 1989, 86(5): 475-481.
[31] TEDESCO J W, ROSS C A, BRUNAIR R M. Numerical analysis of dynamic split cylinder tests[J]. Computers and structures, 1989, 32(3/4): 609-624.
[32] ZIELINSKI A J, REINHARDT H W, KÖRMELING H A. Experiments on concrete under uniaxial impact tensile loading[J]. Matériaux et construction, 1981, 14(2): 103-112.
[33] REINHARDT H W, ROSSI P, MIER J G M. Joint investigation of concrete at high rates of loading[J]. Materials and structures, 1990, 23(3): 213-216.
[34] ROSSI P, MIER J G M, BOULAY C, et al. The dynamic behaviour of

concrete: influence of free water[J]. Materials and structures, 1992, 25 (9): 509-514.

[35] ROSSI P, MIER J G M, TOUTLEMONDE F, et al. Effect of loading rate on the strength of concrete subjected to uniaxial tension [J]. Materials and structures, 1994, 27(5): 260-264.

[36] ROSSI P, TOUTLEMONDE F. Effect of loading rate on the tensile behaviour of concrete: description of the physical mechanisms [J]. Materials and structures, 1996, 29(2): 116-118.

[37] ROSSI P. Strain rate effects in concrete structures: The LCPC experience [J]. Materials and structures, 1997, 30(1): 54-62.

[38] BISCHOFF P H, PERRY S H. Impact behavior of plain concrete loaded in uniaxial compression[J]. Journal of engineering mechanics, 1995, 121 (6): 685-693.

[39] 尚仁杰. 混凝土动态本构行为研究[D]. 大连：大连理工大学，1994.

[40] 闫东明，林皋，王哲，等. 不同应变速率下混凝土直接拉伸试验研究[J]. 土木工程学报，2005，38(6)：97-103.

[41] MALVAR L J, ROSS C A. Review of strain rate effects for concrete in tension[J]. ACI materials journal, 1998, 95(6): 735-739.

[42] DAVIS E A. The effect of speed of stretching and the rate of loading on the yielding of mild steel [J]. J. Appl. Mech., 1938, 5(4): 137-140.

[43] MALVAR L J. Review of static and dynamic properties of steel reinforcing bars[J]. ACI materials journal, 1998, 95(5): 609-616.

[44] MANJOINE M J. Influence of rate of strain and temperature on yield stresses of mild steel[J]. Journal of applied mechanics, 1944, 11(4): A211-A218.

[45] MAHIN S A, BERTERO V V. Rate of loading effects on uncracked and repaired reinforced concrete members[R]. Berkeley: [s. n.], 1972.

[46] CHANG K C, LEE G C. Strain rate effect on structural steel under cyclic loading [J]. Journal of engineering mechanics, 1987, 113 (9): 1292-1301.

[47] EIBL J. Concrete structures under impact and impulsive loading (CEB-Bulletin d′ information, NO. 187) [R]. Dubrovnik: Comite Euro-

International du Beton, 1988.

[48] RESTREPO-POSADA J I, DODD L L, PARK R, et al. Variables affecting cyclic behavior of reinforcing steel[J]. Journal of structural engineering, 1994, 120(11): 3178-3196.

[49] 陈肇元,曹炽康,李庆标. 建筑钢筋在快速变形下的力学性能[R]. 抗爆结构研究报告第一集:结构材料的动力性能及其计算强度. 北京:清华大学出版社,1971.

[50] 陈肇元. 高强钢筋在快速变形下的性能及其在抗爆结构中的应用[R]. 科学研究报告第四集:钢筋混凝土结构构件在冲击荷载下的性能. 北京:清华大学出版社. 1986.

[51] 宋军. 应变率敏感材料物理参量的研究及其工程应用[D]. 北京:清华大学,1990.

[52] 林峰,顾祥林,匡昕昕,等. 高应变率下建筑钢筋的本构模型[J]. 建筑材料学报,2008,11(1):14-20.

[53] 李敏,李宏男. 建筑钢筋动态试验及本构模型[J]. 土木工程学报,2010,43(4):70-75.

[54] BERTERO V V, REA D, MAHIN S, et al. Rate of loading effects on uncracked and repaired reinforced concrete members[C]//Proceedings of 5th world conference on earthquake engineering. Rome: [s. n.], 1973: 1461-1470.

[55] KULKARNI S M, SHAH S P. Response of reinforced concrete beams at high strain rates[J]. ACI structural journal, 1998, 95(6): 705-715.

[56] OTANI S, KANEKO T, SHIOHARA H. Strain rate effect on performance of reinforced concrete members[C]//Proceedings of FIB symposium on concrete structures in seismic regions,. Athens: [s. n.], 2003.

[57] LI H N, LI M. Experimental and numerical study on dynamic properties of RC beam[J]. Magazine of concrete research, 2013, 65(12): 744-756.

[58] GHANNOUM W, SAOUMA V, HAUSSMANN G, et al. Experimental investigations of loading rate effects in reinforced concrete columns[J]. Journal of structural engineering, 2012, 138(8): 1032-1041.

[59] WANG D B, LI H N, LI G. Experimental tests on reinforced concrete columns under multi-dimensional dynamic loadings[J]. Construction and

building materials,2013,47:1167-1181.

[60] CARRILLO J,ALCOCER S M. Experimental investigation on dynamic and quasi-static behavior of low-rise reinforced concrete walls[J]. Earthquake engineering and structural dynamics,2013,42(5):635-652.

[61] 张晓丽.加载速率对钢筋混凝土高剪力墙抗震性能的影响[D].大连:大连理工大学,2012.

[62] 陈俊名.钢筋混凝土剪力墙动力加载试验及考虑应变率效应的有限元模拟[D].长沙:湖南大学,2010.

[63] 范国玺,宋玉普,王立成,等.应变率对钢筋混凝土梁柱中节点动态性能影响的试验研究[J].土木工程学报,2014,47(11):11-18.

[64] 李宏男,赵汝男.钢筋混凝土剪力墙考虑动力效应的恢复力模型[J].建筑结构学报,2015,36(11):109-116.

[65] PANDEY A K,KUMAR R,PAUL D K,et al. Strain rate model for dynamic analysis of reinforced concrete structures[J]. Journal of structural engineering,2006,132(9):1393-1401.

[66] GUNER S, VECCHIO F J. Simplified method for nonlinear dynamic analysis of shear-critical frames[J]. ACI structural journal,2012,109(5):727-738.

[67] WANG C Q,XIAO J Z,SUN Z P. Seismic analysis on recycled aggregate concrete frame considering strain rate effect[J]. International journal of concrete structures and materials,2016,10(3):307-323.

[68] ASPRONE D,FRASCADORE R,DI LUDOVICO M,et al. Influence of strain rate on the seismic response of RC structures[J]. Engineering structures,2012,35:29-36.

[69] 王文明,李宏男.一种考虑应变率效应的结构非线性时程分析方法[J].振动与冲击,2012,31(11):137-141.

[70] 方秦,还毅,陈力,等.应变速率型RC梁柱显式分析单元及其在ABAQUS软件中的实现[J].工程力学,2013,30(5):49-55.

[71] 王文明,李宏男,王德斌,等.应变率对钢筋混凝土框架结构地震作用下灾变过程影响研究[J].振动与冲击,2014,33(1):130-136.

[72] 陆新征,李易,叶列平,等.钢筋混凝土框架结构抗连续倒塌设计方法的研究[J].工程力学,2008,25(增II):150-157.

[73] 冯世平,沈聚敏. 钢筋混凝土框架结构的地震倒塌反应[J]. 地震工程与工程振动,1989,9(1):67-78.

[74] 梁益,陆新征,李易,等. 3 层 RC 框架的抗连续倒塌设计[J]. 解放军理工大学学报(自然科学版),2007,8(6):659-664.

[75] MARJANISHVILI S,AGNEW E. Comparison of various procedures for progressive collapse analysis[J]. Journal of performance of constructed facilities,2006,20(4):365-374.

[76] 陆新征,张炎圣,江见鲸. 基于纤维模型的钢筋混凝土框架结构爆破倒塌破坏模拟[J]. 爆破,2007,24(2):1-6.

[77] 陆新征,林旭川,叶列平,等. 地震下高层建筑连续倒塌数值模型研究[J]. 工程力学,2010,27(11):64-70.

[78] KWASNIEWSKI L. Nonlinear dynamic simulations of progressive collapse for a multistory building[J]. Engineering structures,2010,32(5):1223-1235.

[79] 熊仲明,史庆轩. 钢筋混凝土框架结构倒塌破坏能量分析和研究[J]. 振动与冲击,2003,22(4):8-11.

[80] 师燕超,李忠献,郝洪. 爆炸荷载作用下钢筋混凝土框架结构的连续倒塌分析[J]. 解放军理工大学学报(自然科学版),2007,8(6):652-658.

[81] ISOBE D,TSUDA M. Seismic collapse analysis of reinforced concrete framed structures using the finite element method[J]. Earthquake engineering and structural dynamics,2003,32(13):2027-2046.

[82] 王强. 基于离散单元法的钢筋混凝土框架结构非线性与地震倒塌反应分析[D]. 上海:同济大学,2005.

[83] 张富文,吕西林. 框架结构不同倒塌模式的数值模拟与分析[J]. 建筑结构学报,2009,30(5):119-125.

[84] MUNJIZA A,OWEN D R J,BICANIC N. A combined finite-discrete element method in transient dynamics of fracturing solids[J]. Engineering computations,1995,12(2):145-174.

[85] MUNJIZA A,BANGASH T,JOHN N W M. The combined finite-discrete element method for structural failure and collapse[J]. Engineering fracture mechanics,2004,71:469-483.

[86] PAAVILAINEN J,TUHKURI J,POLOJÄRVI A. 2D combined finite-

discrete element method to model multi-fracture of beam structures[J]. Engineering computations,2009,26(6):578-598.

[87] 中国建筑科学研究院. 混凝土结构设计规范:GB 50010-2019[S]. 北京:中国建筑工业出版社,2019.

[88] ESMAEILY A,XIAO Y. Behavior of reinforced concrete columns under variable axial loads:analysis[J]. ACI structural journal,2005,102(5):736-744.

[89] CLOUGH R W, JOHNSON S B. Effect of stiffness degradation on earthquake ductility requirements[C]//Proceedings of Japan earthquake engineering symposium. Tokyo:[s. n.],1966.

[90] LÉGERON F,PAULTRE P,MAZARS J. Damage mechanics modeling of nonlinear seismic behavior of concrete structures [J]. Journal of structural engineering,2005,131(6):946-955.

[91] KENT D C,PARK R. Flexural members with confined concrete[J]. Journal of the structural division,1971,97(7):1969-1990.

[92] 李敏,李宏男,张皓,等. 中强混凝土应变率效应的试验研究与数值模拟[J]. 混凝土,2014(4):34-37.

[93] 肖诗云,林皋,王哲,等. 应变率对混凝土抗拉特性影响[J]. 大连理工大学学报,2001,41(6):721-725.

[94] 闫东明. 混凝土动态力学性能试验与理论研究[D]. 大连:大连理工大学,2006.

[95] 肖诗云,张剑. 不同应变率下混凝土受压损伤试验研究[J]. 土木工程学报,2010,43(3):40-45.

[96] 任晓丹,刘凯,魏公涛,等. 不同加载速率下箍筋约束混凝土力学性能试验研究[J]. 建筑结构学报,2017,38(3):141-150.

[97] LI H N,LI M. Experimental and numerical study on dynamic properties of RC beam[J]. Magazine of concrete research,2013,65(12):744-756.

[98] 王德斌,范国玺,张皓. 多维动力加载条件下钢筋混凝土柱力学性能的研究[J]. 振动与冲击,2016,35(4):35-41.

[99] 杨俊杰. 相似理论与结构模型试验[M]. 武汉:武汉理工大学出版社,2005.